"做中学 学中做"系列教材

Word 2010、Excel 2010、PowerPoint 2010 案例教程

◎ 朱海波　底利娟　蔡锐杰　主　编
◎ 黄少芬　黄世芝　曾卫华　副主编

电子工业出版社
Publishing House of Electronics Industry
北京·BEIJING

内 容 简 介

本书是 Word 2010、Excel 2010、PowerPoint 2010 的基础实用教程，通过 12 个模块、54 个具体的实用项目，对文档的基本编辑方法、文档基本格式的编排、Word 的图文混排艺术、Word 表格的应用、文档排版的高级操作、邮件合并、Excel 的基本操作、工作表的修饰、Excel 数据分析功能、Excel 图表和数据透视表的应用、幻灯片的制作、幻灯片的设计等内容进行了较全面地介绍，使读者可以轻松愉快地掌握 Word、Excel、PowerPoint 的操作与技能。

本书按照计算机用户循序渐进、由浅入深的学习习惯，以大量的图示、清晰的操作步骤，剖析了使用 Word、Excel、PowerPoint 的过程，既可作为高职院校、中职学校计算机相关专业的基础课程教材，也可以作为计算机及信息高新技术考试、计算机等级考试、计算机应用能力考试等认证培训班的教材，还可作为初学者的办公软件自学教程。

未经许可，不得以任何方式复制或抄袭本书之部分或全部内容。

版权所有，侵权必究。

图书在版编目（CIP）数据

Word 2010、Excel 2010、PowerPoint 2010 案例教程 / 朱海波，底利娟，蔡锐杰主编. —北京：电子工业出版社，2014.7

"做中学　学中做"系列教材

ISBN 978-7-121-23529-0

Ⅰ.①W… Ⅱ.①朱… ②底… ③蔡… Ⅲ.①文字处理系统—中等专业学校—教材②表处理软件—中等专业学校—教材③图形软件—中等专业学校—教材 Ⅳ.①TP391.12②TP391.13③TP391.41

中国版本图书馆 CIP 数据核字（2014）第 127706 号

策划编辑：杨　波
责任编辑：郝黎明
印　　刷：三河市双峰印刷装订有限公司
装　　订：三河市双峰印刷装订有限公司
出版发行：电子工业出版社
　　　　　北京市海淀区万寿路 173 信箱　邮编：100036
开　　本：787×1 092　1/16　印张：14　字数：358.4 千字
版　　次：2014 年 7 月第 1 版
印　　次：2021 年 9 月第 12 次印刷
定　　价：34.00 元

凡所购买电子工业出版社图书有缺损问题，请向购买书店调换。若书店售缺，请与本社发行部联系，联系及邮购电话：（010）88254888，88258888。
质量投诉请发邮件至 zlts@phei.com.cn，盗版侵权举报请发邮件至 dbqq@phei.com.cn。
本书咨询联系方式：（010）88254617，luomn@phei.com.cn。

前 言

陶行知先生曾提出"教学做合一"的理论，该理论十分重视"做"在教学中的作用，认为"要想教得好，学得好，就须做得好"。这就是被广泛应用在教育领域的"做中学，学中做"理论，实践能力不是通过书本知识的传递来获得发展，而是通过学生自主地运用多样的活动方式和方法，尝试性地解决问题来获得发展的。从这个意义上看，综合实践活动的实施过程，就是学生围绕实际行动的活动任务进行方法实践的过程，是发展学生的实践能力和基本"职业能力"的内在驱动。

探索、完善和推行"做中学，学中做"的课堂教学模式，是各级各类职业院校发挥职业教育课堂教学作用的关键，既强调学生在实践中的感悟，也强调学生能将自己所学的知识应用到实践之中，让课堂教学更加贴近实际、贴近学生、贴近生活、贴近职业。

本书从自学与教学的实用性、易用性出发，通过具体的行业应用案例，在介绍Word、Excel、PowerPoint软件各项功能的同时，重点说明该软件功能与实际应用的内在联系；重点遵循软件使用人员日常事务处理规则和工作流程，帮助读者更加有序地处理日常工作，达到高效率、高质量和低成本的目的。这样，以典型的行业应用案例为出发点，贯彻知识要点，由简到难，易学易用，让读者在做中学，在学中做，学做结合，知行合一。

◇ **编写体例特点**

【你知道吗】（引入学习内容）——【应用场景】（案例的应用范围）——【相关文件模版】（提供常用的文件模版）——【背景知识】（对案例的特点进行分析）——【设计思路】（对案例的设计进行分析）——【做一做】（学中做，做中学）——【项目拓展】（类似案例，举一反三）——【知识拓展】（对前面知识点进行补充）——【课后习题与指导】（代表性、操作性、实用性）。

在讲解过程中，如果遇到一些使用工具的技巧和诀窍，以"教你一招"、"小提示"的形式加深读者印象，这样既增长了知识，同时也增强学习的趣味性。

◇ **本书内容**

本书是Word 2010、Excel 2010、PowerPoint 2010的基础实用教程，通过12个模块、54个具体的实用项目，对文档的基本编辑方法、文档基本格式的编排、Word 的图文混排艺术、Word 表格的应用、文档排版的高级操作、邮件合并、Excel的基本操作、工作表的修饰、Excel数据分析功能、Excel图表和数据透视表的应用、幻灯片的制作、幻灯片的设计等内容进行了较全面地介绍，使读者可以轻松愉快地掌握Word、Excel、PowerPoint的操作与技能。

本书按照计算机用户循序渐进、由浅入深的学习习惯，以大量的图示、清晰的操作步骤，剖析了使用Word、Excel、PowerPoint的过程，既可作为高职院校、中职学校计算机相关专业的基础课程教材，也可以作为计算机及信息高新技术考试、计算机等级考试、计算机应用能力考试等认证培训班的教材，还可作为初学者的办公软件自学教程。

◇ **本书主编**

本书由杭州市电子信息职业学校朱海波、广西玉林市第一中等职业技术学校底利娟、广东省汕头市澄海职业技术学校蔡锐杰主编，广西理工职业技术学院黄少芬、南宁市第六职业技术学校黄世芝、湖南省衡东县职业中专学校曾卫华副主编，林佳恩、魏坤莲、张博、师鸣若、李娟、陈天翔、郭成、宋裔桂、王少炳、李晓龙、于志博、胡军、严敏、郑刚、王大印、李洪江、胡勤华等参与编写。一些职业学校的老师参与试教和修改工作，在此表示衷心的感谢。由于编者水平有限，难免有错误和不妥之处，恳请广大读者批评指正。

◆ **课时分配**

本书各模块教学内容和课时分配建议如下：

模 块	课 程 内 容	知识讲解	学生动手实践	合 计
01	文档的基本编辑方法——制作会议记录	2	2	4
02	文档基本格式的编排——制作招工简章	2	2	4
03	Word的图文混排艺术——制作公司宣传单	2	2	4
04	Word表格的应用——制作会议签到表	2	2	4
05	文档排版的高级操作——制作广告策划书	2	2	4
06	邮件合并——制作参赛证	2	2	4
07	Excel 2010的基本操作——制作员工档案表	2	2	4
08	工作表的修饰——制作公司办公用品领用表	2	2	4
09	Excel 2010数据分析功能——制作员工工资管理表	2	2	4
10	Excel 2010图表和数据透视表的应用——制作库存统计图	2	2	4
11	幻灯片的制作——制作产品推广方案演示文稿	2	2	4
12	幻灯片的设计——制作商务礼仪培训讲座	2	2	4
总计		24	24	48

注：本课程按照48课时设计，授课与上机按照1:1比例，课后练习可另外安排课时。课时分配仅供参考，教学中请根据各自学校的具体情况进行调整。

◆ **教学资源**

- 做中学 学中做-Word 2010、Excel 2010、PowerPoint 2010案例教程-案例与素材
- 做中学 学中做-Word 2010、Excel 2010、PowerPoint 2010案例教程-教师备课教案
- 做中学 学中做-Word 2010、Excel 2010、PowerPoint 2010案例教程-授课PPT讲义
- 做中学 学中做-Word 2010、Excel 2010、PowerPoint 2010软件使用技巧
- 采购员岗位职责
- 仓库管理员岗位职责
- 导购岗位职责
- 客服岗位职责
- 前台岗位职责与技能要求
- 全国计算机等级考试-介绍
- 全国计算机等级考试考试大纲（2013年版）-二级MS Office高级应用考试大纲
- 全国计算机等级考试考试大纲（2013年版）-一级计算机基础及MS Office应用考试大纲
- 全国计算机等级考试-一级笔试样卷-计算机基础及MS Office应用
- 全国计算机信息高新技术考试-办公软件应用技能培训和鉴定标准
- 全国计算机信息高新技术考试-初级操作员技能培训和鉴定标准
- 全国计算机信息高新技术考试-介绍
- 全国专业技术人员计算机应用能力（职称）考试-答题技巧
- 全国专业技术人员计算机应用能力（职称）考试-介绍
- 文员岗位职责
- 物业管理员岗位职责
- 销售员岗位职责
- 做中学 学中做-Word 2010、Excel 2010、PowerPoint 2010案例教程-教学指南
- 做中学 学中做-Word 2010、Excel 2010、PowerPoint 2010案例教程-习题答案

为了提高学习效率和教学效果，方便教师教学，作者为本书配备了教学指南、相关行业的岗位职责要求、软件使用技巧、教师备课教案模板、授课PPT讲义、相关认证的考试资料等丰富的教学辅助资源。请有此需要的读者与本书编者（QQ号：2059536670）联系，获取相关共享的教学资源；或者登录华信教育资源网（http://www.hxedu.com.cn）免费注册后进行下载，有问题时请在网站留言板留言或与电子工业出版社联系（E-mail:hxedu@phei.com.cn）。

编 者

2014年6月

目 录

模块 01　文档的基本编辑方法——制作会议记录 …………………………… 1

　项目任务 1-1　启动 Word 2010 ………… 3
　项目任务 1-2　创建文档 …………………… 5
　项目任务 1-3　输入文本 …………………… 6
　项目任务 1-4　拼写和语法检查 …………… 8
　项目任务 1-5　保存文档 …………………… 9
　项目任务 1-6　退出 Word 2010 ………… 10
　项目拓展——制作商务传真 …………… 10
　知识拓展 ……………………………… 14
　课后练习与指导 ……………………… 16

模块 02　文档基本格式的编排——制作招工简章 …………………………… 18

　项目任务 2-1　设置字符格式 ……………… 20
　项目任务 2-2　设置段落格式 ……………… 24
　项目任务 2-3　设置项目编号 ……………… 27
　项目拓展——制作通知 ………………… 28
　知识拓展 ……………………………… 32
　课后练习与指导 ……………………… 34

模块 03　Word 的图文混排艺术——制作公司宣传单 ……………………… 36

　项目任务 3-1　设置页面 …………………… 38
　项目任务 3-2　在文档中应用图片 ………… 39
　项目任务 3-3　在文档中应用艺术字 ……… 43
　项目任务 3-4　应用文本框 ………………… 47
　项目拓展——利用自选图形绘制一个小兔子 ……………………………… 50
　知识拓展 ……………………………… 53

　课后练习与指导 ……………………… 55

模块 04　Word 表格的应用——制作会议签到表 ……………………………… 57

　项目任务 4-1　创建表格 …………………… 59
　项目任务 4-2　编辑表格 …………………… 60
　项目任务 4-3　修饰表格 …………………… 62
　项目拓展——制作处理请示单 ………… 66
　知识拓展 ……………………………… 69
　课后练习与指导 ……………………… 71

模块 05　文档排版的高级操作——制作广告策划书 ………………………… 73

　项目任务 5-1　样式的应用 ………………… 75
　项目任务 5-2　为文档添加页眉与页脚 …… 77
　项目任务 5-3　为文档添加注释 …………… 79
　项目任务 5-4　制作文档目录 ……………… 81
　项目任务 5-5　查找和替换文本 …………… 83
　项目任务 5-6　打印文档 …………………… 84
　项目拓展——制作图文混排文档 ……… 86
　知识拓展 ……………………………… 90
　课后练习与指导 ……………………… 92

模块 06　邮件合并——制作参赛证 ……… 94

　项目任务 6-1　邮件合并概述 ……………… 96
　项目任务 6-2　创建主文档 ………………… 96
　项目任务 6-3　创建数据源 ………………… 97
　项目任务 6-4　插入合并字段 ……………… 99
　项目任务 6-5　合并文档 …………………… 102
　项目拓展——制作练车通知书 ………… 103
　知识拓展 ……………………………… 106

课后练习与指导 ………………………… 107

模块 07　Excel 2010 的基本操作——制作员工档案表 ………………………… 109

项目任务 7-1　创建工作簿 ………………… 110
项目任务 7-2　在工作表中输入数据 …… 113
项目任务 7-3　操作工作表 ………………… 116
项目任务 7-4　关闭与保存工作簿 ……… 117
项目拓展——制作客户联系表 ………… 118
知识拓展 …………………………………… 121
课后练习与指导 …………………………… 123

模块 08　工作表的修饰——制作公司办公用品领用表 ……………………… 125

项目任务 8-1　插入、删除行或列 ……… 127
项目任务 8-2　设置单元格格式 ………… 128
项目任务 8-3　调整行高和列宽 ………… 132
项目任务 8-4　添加边框和底纹 ………… 134
项目任务 8-5　在工作表中添加批注 …… 135
项目拓展——制作出货单 ………………… 136
知识拓展 …………………………………… 139
课后练习与指导 …………………………… 140

模块 09　Excel 2010 数据分析功能——制作员工工资管理表 ……………… 143

项目任务 9-1　使用公式 …………………… 145
项目任务 9-2　应用函数 …………………… 148
项目任务 9-3　排序数据 …………………… 150
项目任务 9-4　数据筛选 …………………… 152
项目任务 9-5　数据分类汇总 …………… 154
项目拓展——财务函数的应用 ………… 156
知识拓展 …………………………………… 159
课后练习与指导 …………………………… 160

模块 10　Excel 2010 图表和数据透视表的应用——制作库存统计图 …… 163

项目任务 10-1　创建图表 ………………… 164
项目任务 10-2　图表的编辑 ……………… 166
项目任务 10-3　格式化图表 ……………… 168
项目拓展——制作商品销售情况数据透视表 …………………………………… 173
知识拓展 …………………………………… 176
课后练习与指导 …………………………… 177

模块 11　幻灯片的制作——制作产品推广方案演示文稿 …………………… 179

项目任务 11-1　创建演示文稿 …………… 180
项目任务 11-2　编辑幻灯片中的文本 … 182
项目任务 11-3　丰富幻灯片页面效果 … 187
项目任务 11-4　幻灯片的编辑 …………… 190
项目任务 11-5　演示文稿的视图方式 … 191
项目任务 11-6　保存与关闭演示文稿 … 194
项目拓展——制作公司年终总结 ……… 195
知识拓展 …………………………………… 196
课后练习与指导 …………………………… 198

模块 12　幻灯片的设计——制作商务礼仪培训讲座 ………………………… 201

项目任务 12-1　设置幻灯片外观 ……… 202
项目任务 12-2　设置幻灯片的切换效果 …………………………………… 206
项目任务 12-3　设置动画效果 …………… 208
项目任务 12-4　创建交互式演示文稿 … 210
项目拓展——放映职位竞聘幻灯片 …… 212
知识拓展 …………………………………… 216
课后练习与指导 …………………………… 217

Word 2010、Excel 2010、PowerPoint 2010案例教程

模块 01 文档的基本编辑方法
——制作会议记录

你知道吗？

Office Word 2010 集一组全面的书写工具和易用界面于一体，可以帮助用户创建和共享美观的文档。Office Word 2010全新的面向结果的界面可在用户需要时提供相应的工具，从而便于用户快速设置文档的格式。

应用场景

人们平常所见到的委托书、借条、公告等专业性较强的公文，如图1-1所示，这些都可以利用Word 2010的模板来制作。

个人授权委托书

委托人：姓名_____性别_____年龄_____
        住址_____
        身份证号_____

受托人：姓名_____性别_____年龄_____
        住址_____
        身份证号_____

现委托受托人_____为我的代理人，代表我办理下列事项：

一、_____

二、_____

代理人在其权限范围内签署的一切有关文件，我均予以承认，由此在法律上产生的权利、义务均有委托人享有和承担。

委托人（签字）：×××

年   月   日

图1-1   个人授权委托书

某公司要召开一次安全生产例会,在会议过程中,记录人员要将会议的组织情况和具体内容记录下来,这样就形成了一份会议记录。由于会议记录是一个专业型的文档,而记录人员对这种专业文档的格式并不熟悉,此时记录人员可以利用Word提供的模板功能来建立一个比较专业化的文档。

如图1-2所示,就是利用Word 2010制作的会议记录。请读者根据本模块所介绍的知识和技能,完成这一工作任务。

河南金亿纸业股份有限公司安全生产例会会议记录

- 时　间:2013 年 9 月 14 日 17:00——18:00。
- 地　点:公司会议室。
- 主持人:刘敏。
- 参加人:王伟经理、各部门负责人、各部门安全员。
- 记录人:刘丽。

- 会议内容:总结本月安全生产,布置下月安全生产工作。

一、会议首先由王伟经理讲话,王经理对本月的安全生产工作给与了肯定,特别是公司的安全管理基础工作有了一个大的进步。

二、刘敏安全部长部署下月的安全工作:

1、各部门安全员要加强日常的安全检查,特别是劳动护品的穿戴,对违章人员要进行处罚。

2、冬季开始降温,请后勤部门做好防寒防冒用品的准备工作,各部门把防寒防冒用品报后勤部门。

3、安全员会同部门有关人员对所有的安全措施进行一次专项检查,对在检查中发现的问题要及时整改。

河南金亿纸业股份有限公司

2013 年 9 月 14 日

图1-2　会议记录

相关文件模板

利用 Word 2010 软件的模板功能,还可以完成委托书、合同、借条、领条、请假条、公告、欠条、收条等工作任务。

为方便读者,本书在配套的资料包中提供了部分常用的文件模板,具体文件路径如图1-3所示。

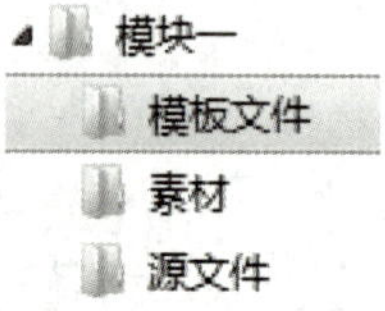

图1-3　应用文件模板

知识背景

一般会议记录的格式包括两部分:一部分是会议的组织情况,要求写明会议名称、时间、地点、出席人数、缺席人数、列席人数、主持人、记录人等，另一部分是会议的内容，要求写明发言、决议、问题。这是会议记录的核心部分。

对于发言的内容，一是详细具体地记录，尽量记录原话，主要用于比较重要的会议和重要的发言；二是摘要性记录，只记录会议要点和中心内容，多用于一般性会议。

设计思路

在会议记录的制作过程中，首先利用模板新建一个文档，然后采用熟悉的中文输入法输入文本，在输入文本后对字体和段落格式进行设置，使版面整齐美观，最后还应将文档保存起来。制作会议记录的基本步骤可分解为：

Step 01 创建文档；
Step 02 输入文本；
Step 03 拼写和语法检查；
Step 04 保存文档；
Step 05 退出Word 2010。

项目任务1-1 启动Word 2010

启动Word 2010最常用的方法就是在开始菜单中启动，选择"开始"→"所有程序"→"Microsoft Office"→"Microsoft Word 2010"命令，即可启动Word 2010。

启动Word 2010程序后，就可以打开如图1-4所示的窗口。窗口由快速访问工具栏、标题栏、动态命令选项卡、功能区、工作区和状态栏等部分组成。

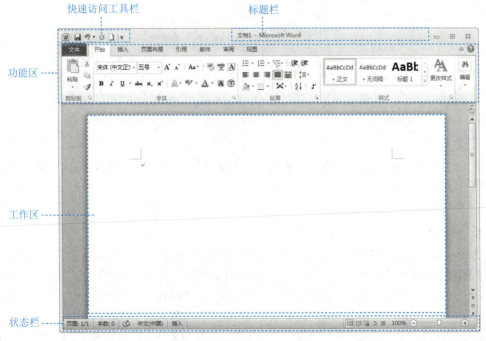

图1-4 Word 2010的工作界面

1．标题栏

标题栏位于屏幕的顶端，它显示了当前编辑的文档名称、文件格式兼容模式和Microsoft Word字样。其右侧的"最小化"按钮、"还原"按钮和"关闭"按钮，则用于窗口的最小化、还原和关闭操作。

2．快速访问工具栏

用户可以在快速访问工具栏上放置一些最常用的命令。例如，新建文件、保存、撤销、打印等命令。快速访问工具栏非常类似Word之前版本中的工具栏，该工具栏中的命令按钮不会动态变换。用户可以非常灵活地增加、删除快速访问工具栏中的命令按钮。要向快速访问工具栏中增加或者删除命令，仅需要单击快速访问工具栏右侧向下的箭头，然后在下拉菜单中选中命令，或者取消选中的命令。

在下拉菜单中选择"在功能区下方显示"命令，这时快速访问工具栏就会出现在功能区的下方。在下拉菜单中选择"其他命令"命令，打开"Word 选项"对话框，在"Word 选项"对话框的"快速访问工具栏"选项设置页面中，选择相应的命令，单击"添加"按钮则可向快速访问工具栏中添加命令按钮，如图1-5所示。

图1-5　"Word 选项"对话框

提示

将鼠标指针移动到快速访问工具栏的工具按钮上，稍等片刻，按钮旁边就会出现一个说明框，框中会显示按钮的名称。

3．功能区

微软公司对Word 2010用户界面所做的最大创新就是改变了下拉式菜单命令，取而代之的是全新的功能区命令工具栏。在功能区中，将Word 2010的下拉菜单中的命令，重新组织在"文件"、"开始"、"插入"、"页面布局"、"引用"、"邮件"、"审阅"、"视图"选项卡中。而且在每一个选项卡中，所有的命令都是以面向操作对象的思想进行设计的，并把命令分组进行组织。例如，在"页面布局"选项卡中，包括了与整个文档页面相关的命令，分为"主题"选项组、"页面设置"选项组、"页面背景"选项组、"段落"选项组、"排列"选项组等。这样非常符合用户的操作习惯，便于记忆，从而提高操作效率。

4．动态命令选项卡

在Word 2010中，会根据用户当前操作的对象自动地显示一个动态命令选项卡，该选项卡中的所有命令都和当前用户操作的对象相关。例如，若用户当前选择了文中的一张图片时，在功能区中，Word会自动产生一个粉色高亮显示的"图片工具"动态命令选项卡，从图片参数的调整到图片效果样式的设置都可以在此动态命令选项卡中完成。用户可以在数秒钟内实现非常专业的图片处理，如图1-6所示。

5．状态栏

状态栏位于屏幕的最底部，可以在其中找到关于当前文档的一些信息：页码、当前光标在本页中的位置、字数、语言、缩放级别、编辑模式等信息，某些功能是处于禁止还是处于允许状态等。

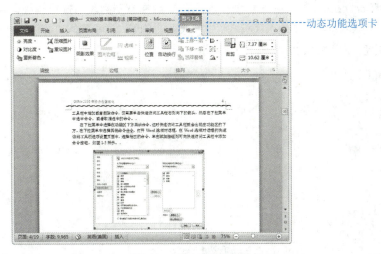

图1-6　"动态命令"选项卡

项目任务1-2　创建文档

使用Word 2010进行文字编辑和处理的第一步就是创建一个文档。在Word中有两种基本文件类型，即文档和模板，任何一个文档都必须基于某个模板。创建新文档时Word的默认设置是使用Normal模板创建文档，用户可以根据需要选择其他适当的模板来创建各种用途的文档。

在Word 2010中用户可以利用以下几种方法创建新文档：

- 创建新的空白文档；
- 利用模板创建；
- 创建博客文章；
- 创建书法字帖。

在启动Word 2010时，如果没有指定要打开的文件，Word 2010将自动使用Normal模板创建一个名为"文档1"的新文档，表示这是启动Word 2010之后建立的第一个文档，如果继续创建其他的空文档，Word 2010会自动将其取名为"文档2、文档3……"。用户可以在空白文档的编辑区输入文字，然后对其进行格式的编排。

提示

如果在 Word 2010 工作界面中，单击快速访问工具栏上的"新建"按钮"", 系统也会基于 Normal 模板创建一个新的空白文档。

如果用户需要创建一个专业型的文档，如会议记录、备忘录、出版物等，而用户对这些专业文档的格式并不熟悉，则用户可以利用 Word 2010 提供的模板功能来建立一个比较专业化的文档。

我们对要创建的会议记录文档的格式不熟悉，此时可以利用模板来创建。例如，这里创建一个会议记录文档，具体步骤如下。

Step 01 单击"文件"按钮打开"文件"菜单，然后单击"新建"选项，如图1-7所示。

Step 02 在"Office.com"下单击所需模板类别，然后在类别列表中选择模板。用户还可以在"Office.com"右侧的搜索框中输入模板名称进行搜索。例如，这里输入"会议记录"，然后单击"开始搜索"按钮，得到搜索结果，如图1-8所示。

图1-7　"新建"选项　　　　　　　　图1-8　搜索到的模板

Step 03 在搜索结果列表中选择一个会议记录模板，在右侧会显示出改模板的缩略图，单击"下载"按钮，开始下载模板，模板下载完毕后，自动打开一个文档，如图1-9所示。

提示

要想从 Microsoft Office Online 上下载模版，要确保计算机与互联网相连接。

图1-9　从网上下载的会议记录模板

项目任务1-3　输入文本

输入文本是 Word 2010 最基本的操作之一，文本是文字、符号、图形等内容的总称。在创建文档后，如果想进行文本的输入，应首先选择一种熟悉的输入法，然后进行文本的输入操作。此外，为了方便文本的输入Word 2010还提供了一些辅助功能方便用户的输入，如用户可以插入特殊符号，插入日期和时间等。

动手做1　定位插入点

在新建的空白文档的起始处有一个不断闪烁的竖线，这就是插入点，它表示键入文本时的起始位置。

当鼠标在文档中自由移动时鼠标呈现为"Ｉ"状，这和插入点处呈现的"|"状光标是不同的。在文档中定位光标，只要将鼠标移至要定位插入点的位置处，当鼠标变为"Ｉ"状时单击鼠标即可在当前位置定位插入点。

如将鼠标移到新建会议记录文档"会议内容"后面，此时鼠标呈现为"Ｉ"状，单击鼠标，则将插入点定位在"会议内容"文本的后面，此时插入点处呈现"|"状光标，如图1-10所示。

动手做2　选择输入法

Word 2010可以使用多种输入法，用户可以根据自己的爱好选择不同的输入法进行文字的输入。用户可以在任务栏右端的语言栏上单击语言图标"▦"，打开"输入法"列表，如图1-11所示。在输入法列表中选择一种中文输入法，此时任务栏右端语言栏上的图标将会变为相应的输入法图标。

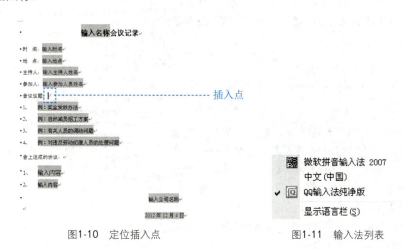

图1-10　定位插入点　　　　　　图1-11　输入法列表

动手做3　输入文本的基本方法

在文档中输入文本时插入点自动从左向右移动，这样用户就可以连续不断地输入文本。当到一行的最右端时系统将向下自动换行，也就是当插入点移到页面右边界时，再输入字符，插入点会自动移到下一行的行首位置。如果用户在一行没有输完时想换一个段落继续输入，可以按"Enter"键，这时不管是否到达页面边界，新输入的文本都会从新的段落开始，并且在上一行的末尾产生一个段落符号"↵"，如图1-12所示。

在输入文本过程中，难免会出现输入错误，用户可以通过如下操作来删除错误的输入。
- 按"Backspace"键可以删除插入点之前的字符。
- 按"Delete"键可以删除插入点之后的字符。
- 按"Ctrl+Backspace"组合键可以删除插入点之前的字（词）。

● 按"Ctrl+Delete"组合键可以删除插入点之后的字（词）。

由于这是使用模版创建的文档，因此文档中有灰色底纹的文字是做模版时插入的文字域，这些文字域提示用户输入哪些内容。例如，"输入名称"则提示用户在此位置输入会议的名称，将鼠标移到"输入名称"位置单击鼠标则可选中该文字域，然后用户可以直接输入会议的名称，如图1-13所示。

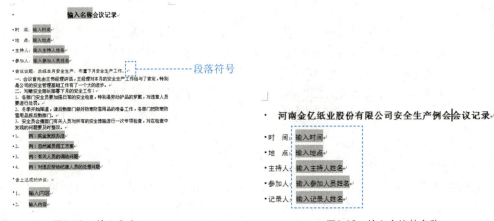

图1-12　输入文本　　　　　　　　　图1-13　输入会议的名称

按照相同的方法输入时间、地点等基本内容，并删除多余的文本以及文字域，输入文本的效果如图1-14所示。

提示

在某些情况下（比如说当输入地址时），用户可能想为了保持地址的完整性而在到达页边距之前开始一个新的空行，如果按"Enter"键可以开始一个新行但是同时也开始了一个新的段落，为了使新行仍保留在一个段落里面而不是开始一个新的段落，用户可以按下"Shift+Enter"组合键，Word就会插入一个换行符并把插入点自动移到下一行的开始处。

图1-14　输入会议记录的基本内容

项目任务1-4　拼写和语法检查

当文本输入结束后，会在一些词语或句子的下面出现红色和蓝色的波浪线，蓝色波浪线表示语法错误，红色波浪线表示拼写错误。

用户仔细观察系统的提示，如果确实有误，可以直接将其更正，也可以把鼠标定位在带有红色波浪线或蓝色波浪线的词语中，右击鼠标，在弹出的快捷菜单中选择相应的命令进行更正。

例如，用户在会议记录文档中可以发现文本"痛部门"标有蓝色波浪线，将鼠标移到蓝色波浪线处单击鼠标右键，将会弹出如图1-15所示的菜单。

单击"语法"命令，则打开"语法"对话框，如图1-16所示。对话框中提示了出错信息，并提供建议以及修改方案，用户可根据实际情况选择修改，或者忽略。这里显然是输入错误，将"痛部门"修改为"同部门"。

Word 2010的这种拼写和检查功能非常有利于用户发现在编辑过程中出现的错误，虽然这些都是系统自认为的错误，并不一定是真正的错误。

至此一个会议记录就制作结束了，会议记录应作为档案材料存档，建议按编号妥善保管，作为今后相关会议的和工作的依据。

图1-15　查看出错语法

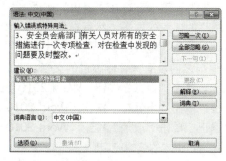
图1-16　"语法"对话框

项目任务1-5　保存文档

在保存文件之前，用户对文件所做的操作仅保留在屏幕和计算机内存中。如果用户关闭计算机，或遇突然断电等意外情况，用户所做的工作就会丢失。因此，用户应及时对文件进行保存。

虽然Word 2010在建立新文档时系统默认了文档的名称，但是它没有分配在磁盘上的文档名。因此，在保存新文档时，需要给新文档指定一个文件名。

保存新建会议记录文档的具体操作步骤如下。

Step 01　单击"文件"选项卡，然后单击"保存"选项，或者在"快速访问工具栏"上单击"保存"按钮 ，打开"另存为"对话框，如图1-17所示。

Step 02　在"另存为"对话框中选择文档的保存位置，这里选择C盘的案例与素材\模块四\源文件文件夹。

Step 03　在"文件名"文本框中输入新的文档名"会议记录"，默认情况下Word 2010应用程序会自动赋予相应的扩展名为Word文档。

图1-17　"另存为"对话框

Step 04　单击"保存"按钮。

提示

如果要以其他的文件格式保存新建的文件，在"保存类型"下拉列表中选择要保存的文档格式。为了避免2010版本创建的文档用97-2003版本打不开，用户可以在"保存类型"下拉列表中选择"Word97-2003文档"。

项目任务1-6 退出Word 2010

对文档的操作全部完成后，用户就可以关闭文档退出Word 2010了，退出Word 2010程序有以下几种方法。

- 使用鼠标左键单击标题栏最右端的"关闭"按钮。
- 使用鼠标左键单击标题栏最左端的"控制按钮"图标 ，打开控制菜单，然后单击"关闭"命令。
- 在"文件"选项卡下选择"退出"选项。
- 在标题栏的任意处右击，然后在弹出的快捷菜单中选择"关闭"命令。
- 按下"Alt+F4"组合键。

如果在退出之前没有保存修改过的文档，此时Word 2010系统就会弹出信息提示对话框，如图1-18所示。单击"保存"按钮，Word 2010会保存文档，然后退出；单击"不保存"按钮，Word 2010不保存文档，直接退出；单击"取消"按钮，Word 2010会取消这次操作，返回到刚才的编辑窗口。

图1-18 关闭文档时的警告对话框

项目拓展——制作商务传真

在商务交往中，经常需要将某些重要的文件、资料即刻送达身在异地的交往对象手中。我们可以利用Word 2010提供的模板，方便快捷地制作一个如图1-19所示的商务传真，然后用传真机直接发给对方，这比采用传统的邮寄书信的方式要快得多。

图1-19 商务传真

设计思路

在商务传真的制作过程中，用户可以打开一个商务传真的初始文件，然后对文档进行编辑，最后对修改工作进行保存，制作商务传真的基本步骤可分解为：

Step 01 打开文档；

Step 02 插入时间和日期；

Step 03 特殊文本的输入；

Step 04 保存修改后文档。

动手做1　打开文档

最常规的打开文档方法就是在"资源管理器"或"我的电脑"中找到要打开的文档所在的位置双击该文档即可打开。不过这对于正在文档中编辑的用户来说比较麻烦，用户可以直接在Word 2010中打开已有的文档。

在Word 2010中如果要打开一个已经存在的文档可以利用"打开"对话框将其打开，Word 2010可以打开不同位置的文档，如本地硬盘、移动硬盘或与本机相连的网络驱动器上的文档。

例如，我们利用Word 2010提供的模板在Faxes类别中下载了商务传真模板，存放在C盘的文件夹"案例与素材\模块一\素材"文件夹中，文件名称为"商务传真（初始）"，现在我们打开它并对其进行编辑，具体步骤如下。

图1-20　"打开"对话框

Step 01 单击"文件"选项卡，然后单击"打开"选项，或者在"快速访问工具栏"上单击"打开"按钮 都可以打开"打开"对话框，如图1-20所示。

Step 02 在"打开"对话框中选择文件所在的文件夹"案例与素材\模块一\素材"，在文件名列表中选择所需的文件"商务传真（初始）"。

Step 03 单击"打开"按钮，或者在文件列表中双击要打开的文件名，即可将"商务传真（初始）"文档打开，如图1-21所示。

Step 04 在传真中输入收件人、主题和具体内容，效果如图1-22所示。

图1-21　商务传真的初始文件

图1-22　输入文本后的商务传真

动手做2　插入时间和日期

Word 2010提供了多种中英文的日期和时间格式，用户可以根据需要在文档中插入合适格式的时间和日期。

例如，在传真中用户不知如何输入时间和日期，此时用户可以插入时间和日期的方式输入，具体步骤如下。

Step 01 将鼠标定位在"日期"文本的后面。

Step 02 在功能选项区单击"插入"选项卡，然后在"文本"组中单击"日期和时间"选项，打开"日期和时间"对话框，如图1-23所示。

Step 03 在"语言"下拉列表框中选择一种语言，这里选择"中文（中国）"在"可用格式"列表中选择一种日期和时间格式。

Step 04 单击"确定"按钮，插入日期的效果如图1-24所示。使用这种方法插入的是当前系统的时间，如果用户需要的不是当前时间可以在该时间格式的基础上进行修改。

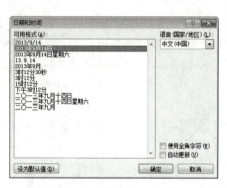
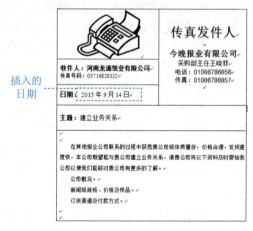

图1-23　"日期和时间"对话框　　　　　图1-24　插入日期后的效果

提示

如果在"日期和时间"对话框中选中"自动更新"复选框，则插入的时间在每次打开文档时都可以自动更新。

动手做3　特殊文本的输入

用户在文档中输入文本时有些符号是不能从键盘上直接输入的，由于它们平时很少用到因此没有定义在键盘上，用户可以使用"符号"对话框插入它们。

例如，为传真正文文本的最后三段插入表示顺序的符号①②③，具体步骤如下。

Step 01 将插入点定位在要插入特殊字符的位置，这里首先定位在"公司概况"的前面。

Step 02 在功能选项区单击"插入"选项卡，然后在"符号"组中单击"符号"选项，打开菜单，在菜单中选择"其他符号"命令，打开"符号"对话框，在对话框中单击"符号"选项卡，如图1-25所示。

Step 03 在"字体"下拉列表中选择一种字体，如果该字体有子集在"子集"下拉列表中选择符号子集，这里选择"Wingdings"。

Step 04 在符号列表中选择要插入的符号"①",单击"插入"按钮,便在文档中插入所选的符号;也可在符号列表框中直接双击要插入的符号将它插入到文档中。

Step 05 不用关闭"符号"对话框,将鼠标定位在"新闻纸规格"、"价格及样品"的前面,在符号列表中选择要插入的符号"②",单击"插入"按钮。

Step 06 继续将鼠标定位在"货渠道及付款方式"的前面,在符号列表中选择要插入的符号"③",单击"插入"按钮。

Step 07 插入符号完毕单击"关闭"按钮,关闭"符号"对话框,在文档中插入符号后的效果如图1-26所示。

提示

在"符号"对话框中,如果连续两次单击插入按钮可在"插入"点处插入两个相同的符号,多次单击插入按钮即可"插入"多个相同的符号。

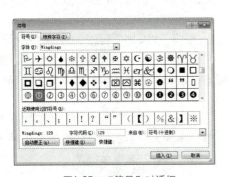

图1-25 "符号"对话框

图1-26 插入符号后的效果

动手做4 保存修改后文档

对于保存过或者打开的文档,用户对它进行了编辑后,若要保存可直接单击"文件"选项卡,然后单击"保存"选项,或单击"快速访问工具栏"中的"保存"按钮进行保存,此时不会打开另存为对话框,Word会以用户原来保存的位置进行保存,并且将以修改过的内容覆盖掉原来文档的内容。

如果用户需要保存现有文件的备份,即对现有文件进行了修改,但是还需要保留原始文件,或在不同的目录下保存文件的备份,用户也可以使用"另存为"命令,在"另存为"对话框中指定不同的文件名或目录保存文件,这样原始文件保持不变。

例如,这里将刚才打开并编辑过的"商务传真(初始)"文档保存在C盘的"案例与素材\模块一\源文件"文件夹中,具体步骤如下。

Step 01 单击"文件"选项卡,然后单击"另存为"选项,打开"另存为"对话框。

Step 02 在对话框中选择文档的保存位置为C盘的"案例与素材\模块一\源文件"文件夹。在"文件名"文本框中输入文档名"商务传真"。

Step 03 单击"保存"按钮。

> **提示**
> 此外，如果要以其他的格式保存文件，也可使用"另存为"命令，在"另存为"对话框的"保存类型"下拉列表中列出了可以保存的文件类型，用户可根据需要选取。

知识拓展

通过前面的任务主要学习了文件的创建与打开方法，文本的输入与修改方法，以及文档的保存与另存方法。这些操作都是Word 2010的基本操作，另外还有一些基本操作在前面的任务中没有运用到，下面就介绍一下。

动手做1 选择文本

选择文本是文本的最基本操作，用鼠标选定文本的常用方法是把"I"型的鼠标指针指向要选定的文本开始处，单击鼠标按住左键并拖过要选定的文本，当拖动到选定文本的末尾时，松开鼠标左键，选定的文本呈反白显示。

如果要选定多块文本，可以首选定一块文本，然后在按下"Ctrl"键的同时拖动鼠标选择其他的文本，这样就可以选定不连续的多块文本。如果要选定的文本范围较大，用户可以首先在开始选取的位置处单击鼠标，接着按下"Shift"键，然后在要结束选取的位置处单击鼠标即可选定所需的大块文本。

用户还可以将鼠标定位在文档选择条中进行文本的选择，文本选择条位于文档的左端紧挨垂直标尺的空白区域，当鼠标移入此区域后，鼠标指针将变为向右箭头状。在要选中的行上单击鼠标即可将该行选中，利用鼠标选择条向上或向下拖动则可以选中多行。

使用鼠标选定文本有下面一些常用操作。
- 选定一个单词：鼠标双击该单词。
- 选定一句：按住"Ctrl"键，再单击句中的任意位置，可选中两个句号中间的一个完整的句子。
- 选定一行文本：在选定条上单击鼠标，箭头所指的行被选中。
- 选定连续多行文本：在选定条上按下鼠标左键然后向上或向下拖动鼠标。
- 选定一段：在选择条上双击鼠标，箭头所指的段落被选中，也可在段落中的任意位置连续三次单击鼠标。
- 选定多段：将鼠标移到选择条中，双击鼠标并在选择条中向上或向下拖动鼠标。
- 选定整篇文档：按住"Ctrl"键并单击文档中任意位置的选择条，或使用组合键"Ctrl+A"。
- 选定矩形文本区域：按下"Alt"键的同时，在要选择的文本上拖动鼠标，可以选定一个矩形块文本区域。

动手做2 移动或复制文本

如果要在当前文档中短距离地移动文本，用户可以利用鼠标拖放的方法快速移动。首先选定要移动的文本，将鼠标指针指向选定文本，当鼠标指针呈现箭头状时按住鼠标左键，拖动鼠标时指针将变成""形状，同时还会出现一条虚线插入点。移动虚线插入点到要移到的目标位置，松开鼠标左键，选定的文本就从原来的位置被移动到了新的位置。

如果在拖动鼠标的同时按住"Ctrl"键，则将执行复制文本的操作。

如果要长距离地移动文本。例如，将文本从当前页移动到另一页，或将当前文档中的部分内容移动到另一篇文档中，此时如果再用鼠标拖放的办法很显然非常不方便，在这种情况下用户可以利用剪贴板来移动文本。

首先选定要移动的文本，然后在"开始"选项卡的"剪贴板"组中单击"剪切"按钮，或按组合键"Ctrl+X"，此时剪切的内容被暂时放在剪贴板上。将插入点定位在新的位置，单击"开始"选项卡"剪贴板"组中的"粘贴"按钮，或按组合键"Ctrl+V"，选中的文本被移到了新的位置。若要进行复制操作，则在"开始"选项卡的"剪贴板"组中单击"复制"按钮或按组合键"Ctrl+C"。

动手做3 Office 剪贴板

前面介绍的使用剪贴板复制和移动文本的操作使用的是系统剪贴板，使用系统剪贴板一次只能移动或复制一个项目，当再次执行移动或复制操作时，新的项目将会覆盖剪贴板中原有的项目。Office剪贴板独立于系统剪贴板，它由Office创建，用户可以在Office的应用程序如Word、Excel中共享一个剪贴板。Office的剪贴板的最大优点是一次可以复制多个项目并且用户可以将剪贴板中的项目进行多次粘贴。单击"开始"选项卡"剪贴板"组中右下角的"对话框启动器"按钮，在界面的右侧打开"剪贴板"窗格，如图1-27所示。

在使用Office剪贴板时应首先打开"剪贴板"窗格，然后在"剪贴板功能组"中选择"剪切"或"复制"选项就可以向Office剪贴板中复制项目，剪贴板中可存放包括文本、表格、图形等24个项目对象，如果超出了这个数目最旧的对象将自动从剪贴板上删除。

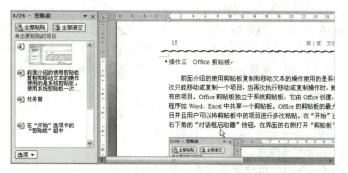

图1-27 "剪贴板"任务窗格

在Office剪贴板中单击一个项目，即可将该项目粘贴到当前文档中当前光标所在的位置，单击Office剪贴板中各项目后的下三角箭头，在打开的列表中选择"粘贴"选项，也可以将所选项目粘贴到文档中的当前光标所在位置。如果在"Office剪贴板"窗格中单击"全部粘贴"按钮，可将存储在Office剪贴板中的所有项目全部粘贴到文档中。如果要删除剪贴板中的一个项目，可以单击要删除项目后的下三角箭头，在打开的下拉列表中选择"删除"选项，如果要删除Office剪贴板中的所有项目，在任务窗格中单击"全部清空"按钮。

有了Office剪贴板，用户可以在编辑具有多种内容对象的文档时获得更多的方便。例如，用户可以事先将所需要的各种对象，如文本、表格和图形等预先制作好，并将它们都复制到Office剪贴板中。然后在Word 2010中再根据编制内容的需要，随时随地将它们一一复制到文档的相应位置，从而避免了反复调用各种工具软件所带来的烦琐操作。

动手做4　利用键盘定位插入点

用户也可以利用键盘上的按键在非空白文档中移动插入点的位置。利用键盘按键移动插入点主要有下面一些方法。

- 按方向键"↑"，插入点从当前位置向上移一行。
- 按方向键"↓"，插入点从当前位置向下移一行。
- 按方向键"←"，插入点从当前位置向左移动一个字符。
- 按方向键"→"，插入点从当前位置向右移动一个字符。
- 按"Page Up"键，插入点从当前位置向上翻一页。
- 按"Page Down"键，插入点从当前位置向下翻一页。
- 按"Home"键，插入点从当前位置移动到行首。
- 按"End"键，插入点从当前位置移动到行末。
- 按"Ctrl+Home"组合键，插入点从当前位置移动到文档首。
- 按"Ctrl+End"组合键，插入点从当前位置移动到文档末。
- 按"Shift+F5"组合键，插入点从当前位置返回至文档的上次编辑点。

课后练习与指导

一、选择题

1. 将插入点定位在任意文档中的任意文本处，按下组合键（　　）即可快速返回至文档的上次编辑点。

    A．"Ctrl+F5"　　B．"Shift+F5"　　C．"Alt+F5"　　D．"Tab+F5"

2. 按（　　）组合键可以选中整个文档。

    A．"Ctrl+A"　　B．"Ctrl+V"　　C．"Ctrl+B"　　D．"Ctrl+N"

3. 在部分文本下方显示（　　）是表明文本有拼写错误；（　　）是表明文本有语法错误。

    A．绿色，蓝色　　B．绿色，红色　　C．红色，蓝色　　D．蓝色，红色

4. 关于选择文本下列说法正确的是（　　）。

    A．在段中的任意位置连续三次单击鼠标可以选中段落
    B．按住"Ctrl"键，再单击句中的任意位置，可选中两个句号中间的一个完整的句子
    C．在单词上双击鼠标可以选定该单词
    D．按"Ctrl+ Shift"组合键可以选定整篇文档

5. 按（　　）组合键可以将所选内容暂存到剪贴板上？

    A．"Ctrl+ Shift"　　　　　　　　B．"Ctrl+S"
    C．"Ctrl+X"　　　　　　　　　　D．"Ctrl+C"

6. 下面哪种方法可以将剪贴板上的内容粘贴到插入点的位置？（　　）

    A．按组合键"Ctrl+S"
    B．单击"开始"选项卡"剪贴板"组中的"粘贴"按钮
    C．按组合键"Ctrl+V"
    D．按组合键"Ctrl+C"

二、填空题

1. 在用鼠标选定文本时如果在按住_____键的同时，在要选择的文本上拖动鼠标，

可以选定一个矩形块文本区域。

2．在输入文本的过程中，按＿＿＿＿＿＿键删除插入点之前的字符，按＿＿＿＿＿＿键可以删除插入点之后的字符。

3．在输入文本时当到达页边距之前要结束一个段落时用户可以按＿＿＿＿＿＿键，如果用户不想另起一个段落而是想切换到下一行可以按下＿＿＿＿＿＿键。

4．Office 2010剪贴板中可存放包括文本、表格、图形等＿＿＿＿＿＿个对象，如果超出了这个数目＿＿＿＿＿＿将自动被从剪贴板上删除。

5．按＿＿＿＿＿＿键，插入点从当前位置移动到行首。按＿＿＿＿＿＿键，插入点从当前位置移动到文档首。

6．按＿＿＿＿＿＿组合键可以复制文本，按＿＿＿＿＿＿组合键则可以剪切文本。

三、简答题

1．退出Word 2010有几种方法？

2．在保存文档时，单击快速工具栏上的"保存"按钮是否会打开"另存为"对话框？

3．删除文档中的错误文本有几种方法？

4．最常用的打开文档的方法是哪两种？

5．选定文本有哪些常用的方法？

6．想一想对于一些特殊的符号，用户除了使用符号对话框进行插入，还可以利用哪种方法输入？

四、实践题

1．创建一个书法字帖文档，并输入书法。

2．尝试使用百度（http://www.baidu.com）搜索一下Word 模板，看看我们在网络中能够找到哪些Word 模板。

3．利用Word 2010提供的模板功能制作一个招领启事。

本练习利用联机的计算机上网下载一个招领模版，然后输入自己需要的文本，效果如图1-28所示。

效果图位置：案例与素材\模块一\源文件\招领启事

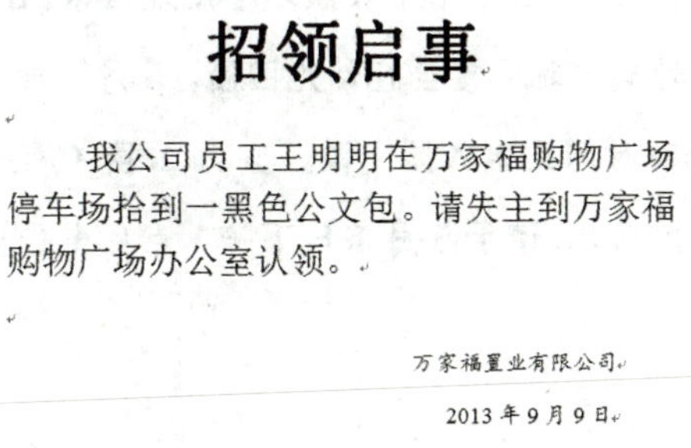

招领启事

我公司员工王明明在万家福购物广场停车场拾到一黑色公文包。请失主到万家福购物广场办公室认领。

万家福置业有限公司

2013年9月9日

图1-28　招领启事文档的最终效果

Word 2010、Excel 2010、PowerPoint 2010案例教程

模块 02 文档基本格式的编排
——制作招工简章

你知道吗？

给文档设置格式，可以使文档具有更加美观的版式效果，方便阅读和理解文档的内容。文本与段落是构成文档的基本框架，对文本和段落的格式进行适当的设置可以编排出段落层次清晰、可读性强的文档。

应用场景

人们平常所见到的会议通知、放假通知等公文，如图2-1所示，这些都可以利用Word 2010来制作。

关于2013年五一国际劳动节幼儿园放假的通知

尊敬的家长：

根据国务院放假通知精神，2013年五一放假安排如下：

2013年4月29日（周一）、4月30日（周二）、5月1日（周三）、放假3天。2013年4月27日（周六）、4月28日（周日）上课。

我园将在4月28日下午3点送小朋友回家，5月1日（周三）按照平时周日时间接全托幼儿回园，5月2号（周四）上午全园按平时时间正常入园上课。5月1号（周三）晚上需要园车接送的幼儿，请于5月1日下午1点后电告园方或各班班主任。

谢谢您的配合！

××××幼儿园祝小朋友及家人五一快乐！

××××幼儿园

2013年4月27日

图2-1　放假通知

在企业员工流动是正常的现象，一些员工离职后将会留下众多的岗位空缺，此时公司就需要通过发布招聘信息来招聘新的员工。一个好的招工简章能让更多的求职者关注该公司，这样就能吸引好的员工。

如图2-2所示，就是利用Word 2010制作的招工简章。请读者根据本模块所介绍的知识和技能，完成这一工作任务。

富士康科技集团成都科技园招工简章

富士康科技集团是专业从事电脑、通信、消费性电子等科技产品的全球最大专业电子制造商。2012年居《财富》全球500强第43位，现有员工超过100万人。富士康科技集团提供良好的工作环境及薪资福利待遇，欢迎有志有梦想的年轻人，加入我们的工作团队。

一、招工标准：

1、证件：须持本人第二代有效身份证原件。

2、学历：初中及以上文化程度。

3、年龄：须符合国家法定工作年龄。

4、性别：男女不限。

5、健康：身心健康，无影响团体健康或无法胜任工作岗位之传染性疾病等问题。

二、工作地点：

富士康科技集团成都科技园（成都市高新西区）

三、薪资待遇：

1、试用期(3个月)，标准薪资1800元/月，月综合收入2500-2900元/月。

2、试用期合格后（第4个月起），标准薪资2000元以上/月，月综合收入2900-3300元/月。说明：具有相关行业工作经验。

四、福利项目：

1、奖金：发放年终奖和生产激励奖金（生产旺季、依绩效核给）；

2、保险及公积金：依法为员工办理社会保险及住房公积金，另额外提供集团自保基金保障。

3、休假：享有国家法定假，带薪年休假、工伤假、婚假、丧假、产假等假期。

4、培训：免费提供各种技能及管理知识培训，为员工后续职业发展提供帮助；公司与全国多所高校合作，开办在职学历教育班；获得就读大专、本科及以上学习机会。

5、晋升：工作期间表现优秀者将获得调薪、晋升机会、特别优秀者派赴国外历练。

五、报道需要携带资料及物品：

1、二代身份证原件及复印件3份

2、毕业证复印件1份或学历证明原件

3、笔及笔记本

4、户口本复印件1份（含户主及本人的户籍信息页，合计两页）

5、体检合格报告原件

6、个人生活及床上用品

六、报名及联系方式

1、报名时间：周一至周五（节假日除外）

2、报名地点：四川川南人力资源市场

3、咨询电话：0831-5100000

图2-2　招工简章效果

相关文件模板

利用Word 2010软件的基本功能，还可以完成会议通知、加薪申请、辞职申请、通报、通告、寻物启事、寻人启事等工作任务。

为方便读者，本书在配套的资料包中提供了部分常用的文件模板，具体文件路径如图2-3所示。

- 模块二
  - 模板文件
  - 素材
  - 源文件

图2-3　应用文件模板

背景知识

招工简章是用人单位展示企业形象的重要载体，各用人单位应该本着诚实信用的原则，实事求是地介绍企业的真实情况，特别是在生产工作环境、工资福利待遇、食宿等方面的情况应尽可能详细如实介绍，并在实际用工中予以兑现，以得到员工的认同和信任，从而提高用人单位在用工留人方面的影响力和吸引力。

招工简章一般分为四部分：第一部分要对用人单位进行概述，第二部分写明招工条件及人数，第三部分写明员工待遇，第四部分写明录用流程以及联系方式。

设计思路

在招工简章的制作过程中，首先对字体的格式进行设置，然后再对段落格式进行设置，使版面整齐美观，最后根据需要为一些段落添加编号。制作招工简章的基本步骤可分解为：

Step 01 设置字体格式；

Step 02 设置段落格式；

Step 03 设置项目符号和编号。

项目任务2-1 设置字符格式

在Word 2010中，字符是指输入文档的汉字、字母、数字、标点符号及特殊符号等。字符是文档格式设置的最小单位，决定了字符在屏幕上显示或打印时的形态。字符格式包括字体、字号、字形、颜色及特殊的阴影、阴文、阳文等修饰效果。

默认情况下，在新建的文档中输入文本时文字以正文文本的格式输入，即宋体五号字。通过设置字体格式可以使文字的效果更加突出。打开存放在C盘的“案例与素材\模块二\素材”文件夹中名称为“招工简章（初始）”文件，如图2-4所示。在打开的招工简章文档中字体格式过于单一，为了使读者能够更加方便的阅读它，用户可为招工简章文档的标题和字符设置字体格式。

富士康科技集团成都科技园招工简章
富士康科技集团是专业从事电脑、通信、消费性电子等科技产品的全球最大专业电子制造商。2012年居《财富》全球500强第43位，现有员工超过100万人。富士康科技集团提供良好的工作环境及薪资福利待遇，欢迎有志有梦想的年轻人，加入我们的工作团队。
一、招工标准：
证件：须持本人第二代有效身份证原件。
学历：初中及以上文化程度。
年龄：须符合国家法定工作年龄。
性别：男女不限。
健康：身心健康，无影响团体健康或无法胜任工作岗位之传染性疾病等问题。
二、工作地点：
富士康科技集团成都科技园（成都市高新西区）
三、薪资待遇：
试用期（3个月），标准薪资1800元/月，月综合收入2500-2900元/月。
试用期合格后（第4个月起），标准薪资2000元以上/月，月综合收入2900-3300元/月。说明：具有相关行业工作经验。
四、福利项目：
奖金：发放年终奖和生产激励奖金（生产旺季、依绩效核给）；
保险及公积金：依法为员工办理社会保险及住房公积金，另额外提供集团自保基金保障。
休假：享有国家法定假，带薪年休假、工伤假、婚假、丧假、产假等假期。
培训：免费提供各种技能及管理知识培训，为员工后续职业发展提供帮助；公司与全国多所高校合作，开办在职学历教育班；获得就读大专、本科及以上学习机会。
晋升：工作期间表现优秀者将获得调薪、晋升机会、特别优秀者派赴国外历练。
五、报道需要携带资料及物品：
二代身份证原件及复印件3份
毕业证复印件1份或学历证明原件
笔及笔记本
户口本复印件1份（含户主及本人的户籍信息页，合计两页）
体检合格报告原件
个人生活及床上用品
六、报名及联系方式
报名时间：周一至周五（节假日除外）
报名地点：四川川南人力资源市场
咨询电话：0831-5100000

图2-4 原始的招工简章

动手做1 利用功能区设置字符格式

如果要设置的字符格式比较简单，可以利用“开始”功能区中“字体”组中的按钮进行快速设置。例如，利用“字体”选项组设置“招工简章”文档中标题的字体格式，具体操作步骤如下。

Step 01 选中要设置字体格式的标题文本。

Step 02 在“开始”选项卡“字体”选项组中单击“字体”组合框后的下三角箭头，打开“字体”下拉列表，在“字体”组合框列表中选择“黑体”，如图2-5所示。如果要选择的字体没有显示出来，可以拖动下拉列表框右侧的滚动条来选择字体。

Step 03 单击“字号”组合框后的下三角箭头，打开“字号”下拉列表，在“字号”组合框列表中选择“小二”，如图2-6所示。

Step 04 在“字体”选项组中，单击“加粗 **B** ”按钮，设置标题为粗体。

设置标题文本的效果如图2-7所示。

图 2-5 选择字体

图2-6 选择字号

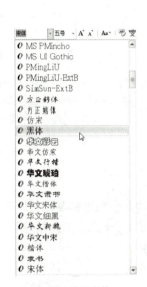

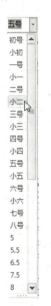

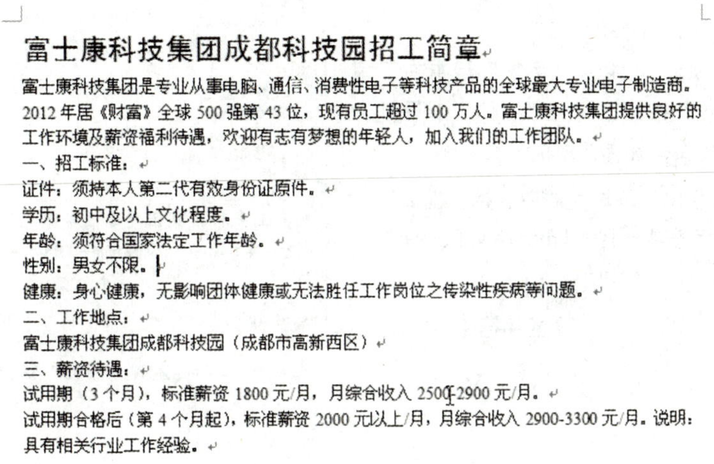

富士康科技集团成都科技园招工简章

富士康科技集团是专业从事电脑、通信、消费性电子等科技产品的全球最大专业电子制造商。2012 年居《财富》全球 500 强第 43 位，现有员工超过 100 万人。富士康科技集团提供良好的工作环境及薪资福利待遇，欢迎有志有梦想的年轻人，加入我们的工作团队。

一、招工标准：

证件：须持本人第二代有效身份证原件。

学历：初中及以上文化程度。

年龄：须符合国家法定工作年龄。

性别：男女不限。

健康：身心健康，无影响团体健康或无法胜任工作岗位之传染性疾病等问题。

二、工作地点：

富士康科技集团成都科技园（成都市高新西区）

三、薪资待遇：

试用期（3 个月），标准薪资 1800 元/月，月综合收入 2500-2900 元/月。

试用期合格后（第 4 个月起），标准薪资 2000 元以上/月，月综合收入 2900-3300 元/月。说明：具有相关行业工作经验。

图2-7 设置标题文本的效果

用户还可以利用"字体"组中的其他相关工具按钮来设置字符的字形和效果。

- "加粗 B":单击"加粗"按钮使它显示被标记状态,可以使选中文本出现加粗效果,再次单击"加粗"按钮可取消加粗效果。
- "倾斜 I":单击"倾斜"按钮使它显示被标记状态,可以使选中文本出现倾斜效果,再次单击"倾斜"按钮可取消倾斜效果。
- "下划线 U":单击"下划线"按钮使它显示被标记状态,可以为选中文本自动添加下划线,单击按钮右侧的下三角箭头可以选择下划线的线型和颜色,再次单击"下划线"按钮取消下划线效果。
- "字体颜色 A":单击"字体颜色"按钮,可以改变选中文本字体颜色,单击按钮右侧的下三角箭头选择不同的颜色,选择的颜色显示在该符号下面的粗线上,再单击凹入状的"字体颜色"按钮取消字体颜色。
- "删除线 abc":单击"删除线"按钮,可以为选中文本的中间画一条线。
- "下标 X₂":单击"下标"按钮,可在文字基线下方创建小字符。
- "上标 X²":单击"上标"按钮,可在文字基线上方创建小字符。

教你一招

如果用户单纯设置字体大小可以利用组合键进行设置,选中文本按"Ctrl+]"组合键是增大文本字号,按"Ctrl+["组合键是缩小文本字号,另外用户也可以利用"Ctrl+Shift+>"或"Ctrl+Shift+<"组合键来增大或缩小文本字号。

动手做2 利用对话框设置字符格式

功能区命令工具栏可以方便、快速设置字体的常用格式,但如果需要设置的字体格式比较复杂,则使用"字体"对话框中进行设置。

例如,招工简章中正文段落中有中文和数字,在设置字体格式时中文和数字应设置成不同的字体格式,此时可以利用对话框设置,具体操作步骤如下。

Step 01 选中招工简章文档的正文。

Step 02 单击"开始"功能区"字体"组中右下角的"对话框启动器"按钮,打开"字体"对话框,单击"字体"选项卡,如图2-8所示。

Step 03 在"中文字体"下拉列表中选择"楷体",在"西文字体"下列表中选择"Times New Roman",在"字号"列表中选择"四号"。

Step 04 单击"确定"按钮,设置字符格式后的效果如图2-9所示。

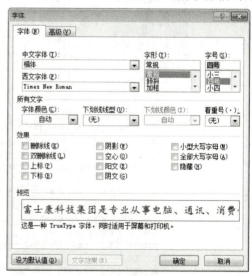

图2-8 "字体"对话框

富士康科技集团成都科技园招工简章

富士康科技集团是专业从事电脑、通信、消费性电子等科技产品的全球最大专业电子制造商。2012年居《财富》全球500强第43位,现有员工超过100万人。富士康科技集团提供良好的工作环境及薪资福利待遇,欢迎有志有梦想的年轻人,加入我们的工作团队。

一、招工标准:

证件:须持本人第二代有效身份证原件。

学历:初中及以上文化程度。

年龄:须符合国家法定工作年龄。

性别:男女不限。

健康:身心健康,无影响团体健康或无法胜任工作岗位之传染性疾病等问题。

图 2-9　设置正文字体格式的效果

动手做3　使用格式刷

Word 2010提供的格式刷功能可以复制文本或段落的格式,可以快速地设置文本或段落的格式。

利用格式刷快速复制文本格式的具体操作步骤如下。

Step 01 将招工简章正文中的小标题"一、招工标准"的字体格式设置为"黑体"、"小四"。

Step 02 选中样本文本招工简章正文中的小标题"一、招工标准"。

Step 03 单击"开始"选项卡"剪贴板"组中的"格式刷"按钮" ",此时鼠标光标变成刷子状" "。

Step 04 用鼠标选中目标文本招工简章正文中的小标题"二、工作地点",即可将样本的格式应用到目标文本。

Step 05 选中样本文本招工简章正文中的小标题"一、招工标准"。

Step 06 用鼠标双击"格式刷"按钮,此时鼠标光标变成刷子状" "。

Step 07 用鼠标选中招工简章正文中的小标题"三、薪资待遇",即可将样本的格式应用到目标文本。

Step 08 继续用鼠标选中招工简章正文中的其他小标题,为其他小标题复制文本格式,最后再次用鼠标单击"格式刷"按钮。

教你一招

如果用户在选定文本时包含了段落符号,或者将鼠标定位在段落中,则单击格式刷时复制的将是段落格式。

项目任务2-2 设置段落格式

段落就是以"Enter"键结束的一段文字,它是独立的信息单位。段落标记符包含了该段落的所有字符格式和段落格式。字符格式表示的是文档中局部文本的格式化效果,而段落格式的设置则将帮助用户布局文档的整体外观。如果光有细节上的设置没有段落上的起伏变化,仍然会使文章缺乏感染力不能吸引读者,要想弥补以上的不足就要对段落格式进行缩进、对齐等格式的设置。

动手做1 设置段落对齐方式

段落的对齐直接影响文档的版面效果,段落的对齐方式分为水平对齐和垂直对齐。水平对齐方式控制了段落在页面水平方向上的排列方式,垂直对齐方式则可以控制文档中未满页的排布情况。

段落的水平对齐方式控制了段落中文本行的排列方式,在"开始"功能区"段落"组中提供了"左对齐"、"居中对齐"、"右对齐"、"两端对齐"和"分散对齐"五个设置对齐方式的按钮。

- "左对齐"是指段落中每行文本一律以文档的左边界为基准向左对齐。
- "两端对齐"是指段落中除了最后一行文本外,其余行的文本的左右两端分别以文档的左右边界为基准向两端对齐。这种对齐方式是文档中最常用的,也是系统默认的对齐方式,平时用户看到的书籍的正文都采用该对齐方式。
- "右对齐"是指文本在文档右边界被对齐,而左边界是不规则的,一般文章的落款多采用该对齐方式。
- "居中对齐"是指文本位于文档上左右边界的中间,一般文章的标题都采用该对齐方式。
- "分散对齐"是指段落的所有行的文本的左右两端分别沿文档的左右两边界对齐。

提示

对于中文文本来说,"左对齐"方式和"两端对齐"方式没有什么区别。但是如果文档中有英文单词,"左对齐"将会使文档右边缘参差不齐,此时如果使用"两端对齐"的方式,右边缘就可以对齐了。

通常情况文章的标题应居中显示。例如,设置"招工简章"文档的标题居中显示,具体操作步骤如下。

Step 01 将鼠标定位在标题"招工简章"段落中。

Step 02 单击"开始"功能区"段落"组中的"居中"按钮 ,则标题的段落即可居中显示,如图2-10所示。

文档基本格式的编排——制作招工简章 模块02

> **富士康科技集团成都科技园招工简章**
>
> 富士康科技集团是专业从事电脑、通信、消费性电子等科技产品的全球最大专业电子制造商。2012年居《财富》全球500强第43位，现有员工超过100万人。富士康科技集团提供良好的工作环境及薪资福利待遇，欢迎有志有梦想的年轻人，加入我们的工作团队。
>
> 一、招工标准：
> 证件：须持本人第二代有效身份证原件。
> 学历：初中及以上文化程度。
> 年龄：须符合国家法定工作年龄。
> 性别：男女不限。
> 健康：身心健康，无影响团体健康或无法胜任工作岗位之传染性疾病等问题。

图2-10　标题居中对齐的效果

提示

单击"开始"功能区"段落"组右下角的"对话框启动器"按钮，打开"段落"对话框，单击"缩进和间距"选项卡。在"常规"区域的"对齐方式"下拉列表中用户也可以设置水平对齐方式，如图2-11所示。

教你一招

用户也可以通过组合键来设置段落对齐，"Ctrl+L"、"Ctrl+E"、"Ctrl+R"、"Ctrl+J"和"Ctrl+Shift+J"分别可以设置左对齐、居中对齐、右对齐、两端对齐和分散对齐。

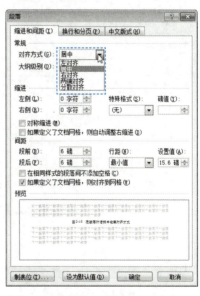

图2-11　在"段落"对话框中设置对齐方式

动手做2　设置段落缩进

段落缩进可以调整一个段落与边距之间的距离，设置段落缩进还可以将一个段落与其他段落分开，或显示出条理更加清晰的段落层次，方便阅读。利用标尺或在"段落"对话框中都可以设置段落缩进。

缩进可分为首行缩进、左缩进、右缩进和悬挂缩进四种方式。

- 左（右）缩进：整个段落中的所有行的左（右）边界向右（左）缩进，左缩进和右缩进通常用于嵌套段落。
- 首行缩进：段落的首行向右缩进，使之与其他的段落区分开。
- 悬挂缩进：段落中除首行以外的所有行的左边界向右缩进。

用户可以利用"段落"对话框要精确地设置段落的缩进量。

例如，设置招工简章正文段落首行缩进2个字符，具体步骤如下。

Step 01 选中招工简章的正文所有段落。

Step 02 单击"开始"功能区"段落"组右下角的"对话框启动器"按钮，打开"段落"对话框，单击"缩进和间距"选项卡，如图2-12所示。

Step 03 在"缩进"区域的"特殊格式"下拉列表中选择"首行缩进"，并在"度量值"文本框中选择或输入"2字符"。

Step 04 设置完毕单击"确定"按钮，设置文档段落缩进后的效果如图2-13所示。

> **提示**
>
> 用户可以利用工具栏快速设置段落缩进，将鼠标定位在要设置段落缩进的段落中或者选中段落的所有文本，单击"开始"选项卡"段落"选项组中的"减少缩进量"按钮 或"增加缩进量"按钮 一次，选中段落的所有行将减少或增加一个汉字的缩进量。

图2-12 设置段落缩进　　　　　　　　图2-13 设置文档正文段落缩进的效果

动手做3　设置段落间距

段落间距是指两个段落之间的间隔，行间距是一个段落中行与行之间的距离，行间距和段间距的大小影响整个版面的排版效果。

文档标题与后面文本之间的距离常常要大于正文的段落间距。设置段落间距最简单的方法是在一段的末尾按"Enter"键来增加空行，但是这种方法的缺点是不够准确。为了精确设置段落间距并将它作为一种段落格式保存起来，可以在"段落"对话框中进行设置。

例如，设置"招工简章"文档标题与正文之间的段落间距为1行，具体步骤如下。

Step 01 将光标定位在标题段落中。

Step 02 单击"开始"功能区"段落"组右下角的"对话框启动器"按钮，打开"段落"对话框，单击"缩进和间距"选项卡。

Step 03 在"间距"区域单击"段后"文本框右端的按钮，设置段后间距为"1 行"，如图2-14所示。

Step 04 单击"确定"按钮，设置段落间距后的效果图如2-15所示。

图2-14 设置段落间距　　　　　　图2-15 设置段落间距后的效果

项目任务2-3 设置项目编号

在制作文档的过程中，为了增强文档的可读性，使段落条理更加清楚，可在文档各段落前添加一些有序的编号或项目符号。Word 2010提供了添加段落编号、项目符号和多级编号的功能。

例如，为"招工简章"正文中的每个小标题所包含的内容设置编号格式，具体操作步骤如下。

Step 01 选中第一个小标题下所包含的内容。

Step 02 在"开始"选项卡下单击"段落"组中"编号"按钮右侧的下三角箭头，打开编号列表，如图2-16所示。

Step 03 单击"编号"下拉列表中的"定义新编号格式"选项，打开"定义新编号格式"对话框，在"编号样式"列表中选择1，2，3，…，在"编号格式"列表中设置编号后面是顿号，如图2-17所示。

Step 04 单击"确定"按钮，选中文本应用编号的效果如图2-18所示。

Step 05 按照相同的方法设置其他小标题所包含内容的编号格式。

提示

如果用户需要应用的编号在编号列表中，用户可以直接单击需要的编号进行应用。如果在编号列表中如果选择无选项，则取消设置的编号。

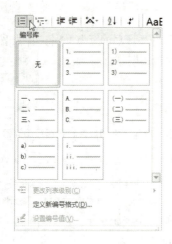

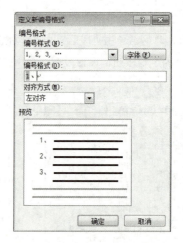

图2-16　设置编号格式

图2-17　“定义新编号格式”对话框

富士康科技集团成都科技园招工简章

富士康科技集团是专业从事电脑、通信、消费性电子等科技产品的全球最大专业电子制造商。2012 年居《财富》全球 500 强第 43 位，现有员工超过 100 万人。富士康科技集团提供良好的工作环境及薪资福利待遇，欢迎有志有梦想的年轻人，加入我们的工作团队。

一、招工标准：

1. 证件：须持本人第二代有效身份证原件。
2. 学历：初中及以上文化程度。
3. 年龄：须符合国家法定工作年龄。
4. 性别：男女不限。
5. 健康：身心健康，无影响团体健康或无法胜任工作岗位之传染性疾病等问题。

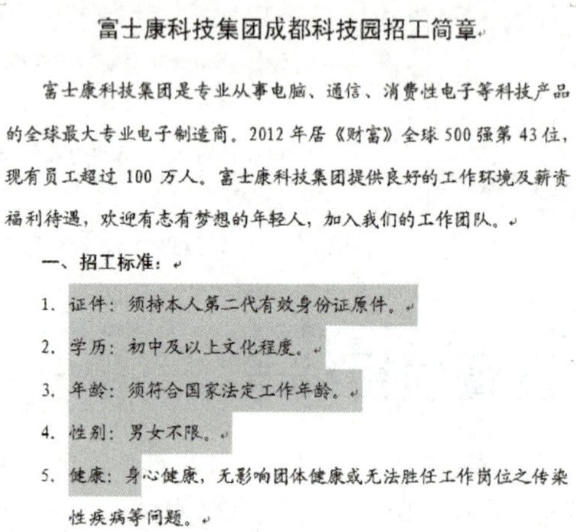

图2-18　设置编号后的效果

项目拓展——制作通知

在生活中，单位经常发出通知、招聘、派遣、调动以及任命就职等文档，这些文档使用Word 2010进行编辑就可以轻松实现。利用Word 2010制作的2013年国家重点监控企业名单的通知效果如图2-19所示。

××省环境保护厅文件

×环文〔2013〕44 号

××省环境保护厅
转发环境保护部办公厅关于印发 2013 年
国家重点监控企业名单的通知

各省辖市、省直管试点县（市）环境保护局：

现将环境保护部办公厅《关于印发<2013 年国家重点监控企业名单>的通知》（环办〔2012〕144 号）转发给你们，请按照有关要求，切实加强对国家重点监控企业的监督管理，并认真做好环境统计季报和监督性监测等相关工作。

附件：2013 年国家重点监控企业名单

二〇一三年三月十五日

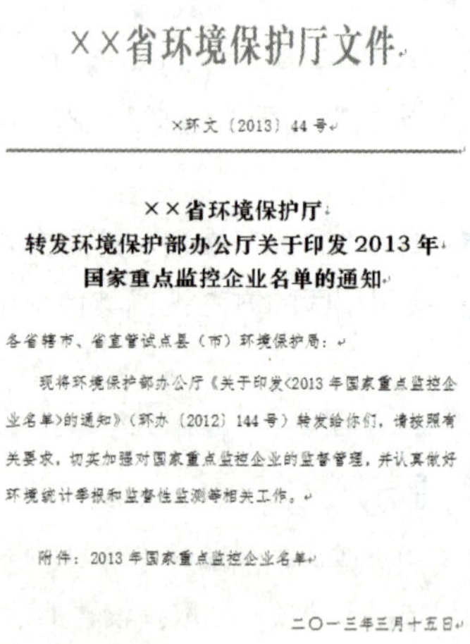

图2-19　2013年国家重点监控企业名单的通知效果

设计思路

在通知文档的制作过程中，首先应为文档设置字体格式，然后为文档设置段落格式，最后添加横线，制作通知文档的基本步骤可分解为：

Step01 利用浮动工具栏设置字体格式；

Step02 设置段落对齐方式；

Step03 设置段落间距；

Step04 添加横线。

打开存放在C盘的“案例与素材\模块二\素材”文件夹中名称为“通知（初始）”文件，如图2-20所示。

××省环境保护厅文件
×环文〔2013〕44号
××省环境保护厅
转发环境保护部办公厅关于印发2013年
国家重点监控企业名单的通知
各省辖市、省直管试点县（市）环境保护局：
现将环境保护部办公厅《关于印发<2013年国家重点监控企业名单>的通知》（环办〔2012〕144号）转发给你们，请按照有关要求，切实加强对国家重点监控企业的监督管理，并认真做好环境统计季报和监督性监测等相关工作。
附件：2013年国家重点监控企业名单
二〇一三年三月十五日

图2-20　通知初始效果

动手做1　利用浮动工具栏设置字体格式

浮动工具栏是Word 2010中一项极具人性化的功能，当Word 2010文档中的文字处于选中状态时，如果用户将鼠标指针移到被选中文字的右侧位置，将会出现一个半透明状态的浮动工具栏。该工具栏中包含了常用的设置文字格式的命令，如设置字体、字号、颜色、居中对齐等命令。将鼠标指针移动到浮动工具栏上将使这些命令完全显示，进而可以方便地设置文字格式。

利用浮动工具栏设置“通知”文档字体格式的具体操作步骤如下。

Step01 选中通知的标题“××省环境保护厅文件”，将鼠标指针移到被选中文字的右侧位置，出现一个半透明状态的浮动工具栏，在工具栏的“字体”列表中选择“华文中宋”，在“字号”列表中选择“初号”，“字体颜色”中选择“红色”效果，并选择“加粗”如图2-21所示。

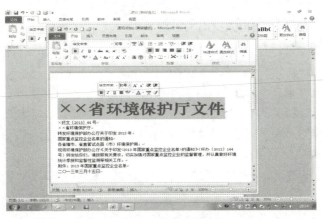

图2-21　利用悬浮工具栏设置字体格式

Step 02 按相同的方法设置通知标题“字体”为“华文中宋”、“字号”为“二号”、“加粗”。

Step 03 按相同的方法设置通知剩余部分的“字体”为“仿宋”，“字号”为“三号”，设置后的效果如图2-22所示。

动手做2　设置段落对齐方式和段落缩进

上面介绍了利用“段落”选项组中相应的对齐按钮方便的段落设置格式，还可以利用“段落”对话框设置段落格式，具体步骤如下。

Step 01 选中前三段文本。

Step 02 在“开始”选项卡下，单击“段落”选项组中的“居中”按钮。

Step 03 选中落款，在“开始”选项卡下，单击“段落”选项组中的“文本右对齐”按钮。

Step 04 选中通知正文和附件内容，单击“开始”功能区“段落”组右下角的“对话框启动器”按钮，打开“段落”对话框，单击“缩进和间距”选项卡。

Step 05 在“缩进”区域的“特殊格式”下拉列表中选择“首行缩进”，并在“度量值”文本框中选择或输入“2 字符”。

Step 06 设置完毕单击“确定”按钮，设置后的效果如图2-23所示。

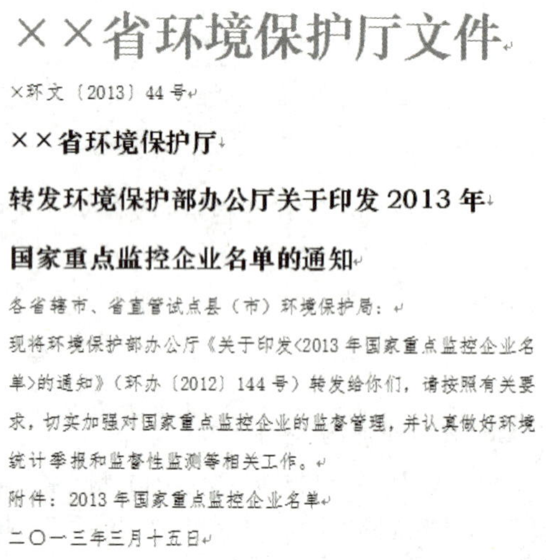
××省环境保护厅文件
×环文〔2013〕44号
××省环境保护厅
转发环境保护部办公厅关于印发2013年
国家重点监控企业名单的通知
各省辖市、省直管试点县（市）环境保护局：
现将环境保护部办公厅《关于印发<2013年国家重点监控企业名单>的通知》（环办〔2012〕144号）转发给你们，请按照有关要求，切实加强对国家重点监控企业的监督管理，并认真做好环境统计季报和监督性监测等相关工作。
附件：2013年国家重点监控企业名单
二〇一三年三月十五日

图2-22　设置字体格式后的效果

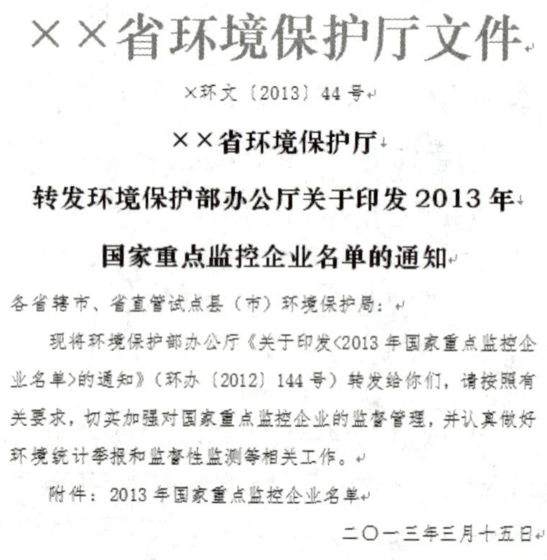
××省环境保护厅文件
×环文〔2013〕44号
××省环境保护厅
转发环境保护部办公厅关于印发2013年
国家重点监控企业名单的通知
各省辖市、省直管试点县（市）环境保护局：
现将环境保护部办公厅《关于印发<2013年国家重点监控企业名单>的通知》（环办〔2012〕144号）转发给你们，请按照有关要求，切实加强对国家重点监控企业的监督管理，并认真做好环境统计季报和监督性监测等相关工作。
附件：2013年国家重点监控企业名单
二〇一三年三月十五日

图2-23　设置段落对齐和缩进后的效果

动手做3　设置段落间距和行间距

为了使通知更加美观，可为“通知”文档设置段落间距和行间距，具体操作步骤如下。

Step 01 将光标定位到“通知”文档第一个段落中。

Step 02 单击“开始”功能区“段落”组右下角的“对话框启动器”按钮，打开“段落”对话框，单击“缩进和间距”选项卡。

Step 03 在“间距”区域单击“段后”文本框右端的按钮设置段后间距为“2 行”，单击“确定”按钮。

Step 04 按相同的方法设置通知标题段落和附件段落的段前、段后间距均为“2 行”。

Step 05 将光标定位到“通知”正文段落中。

Step 06 单击“开始”功能区“段落”组右下角的“对话框启动器”按钮，打开“段落”对话框，单击"缩进和间距"选项卡。

Step 07 在"行距"下拉列表中选择"固定值",然后在"设置值"文本框框中选择或输入"36磅",如图2-24所示。

Step 08 设置完毕,单击"确定"按钮,设置段落间距和行距的效果如图2-25所示。

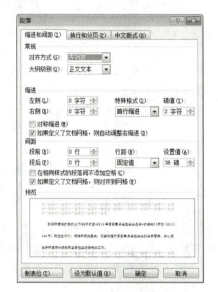

图2-24 设置行距 　　　图2-25 设置段落间距和行距的效果

教你一招

用户也可以利用组合键来快速调整行间距,选中文字,按"Ctrl+1"、"Ctrl+2"、"Ctrl+5"分别为单倍行距,2倍行距和1.5倍行距。

动手做4　添加横线

用户可以在通知文档的"×环文〔2013〕44号"文本下添加"横线"美化通知文档,具体操作步骤如下。

Step 01 将鼠标定位在"×环文〔2013〕44号"文本的后面。

Step 02 在"开始"选项卡下,单击"段落"选项组下的"下划线"按钮的下三角箭头,然后在列表中选择"横线"选项,则在"×环文〔2013〕44号"文本的下面添加了一个横线,如图2-26所示。

Step 03 在横线上单击鼠标右键,在快捷菜单中选择"设置横线格式"命令,打开"设置横线格式"对话框,如图2-27所示。

Step 04 在"高度"列表中选择或输入3磅,在"颜色"区域选中"使用纯色"复选框,然后在"颜色"列表中选择"红色"。

图2-26 添加横线效果

Step 05 设置完毕，单击“确定”按钮，则设置横线的效果如图2-28所示。

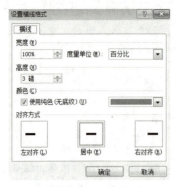

图2-27 “设置横线格式”对话框

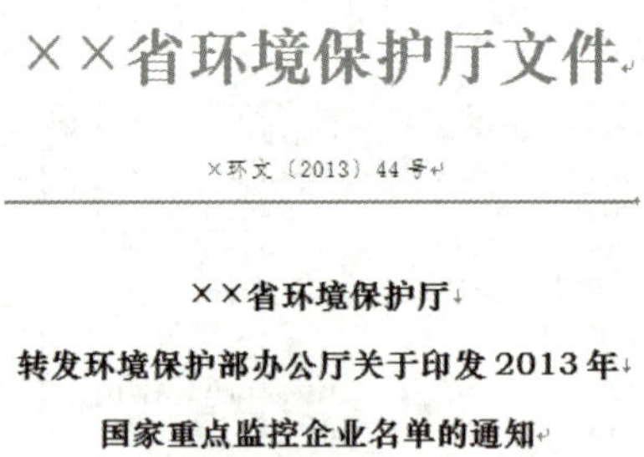
××省环境保护厅文件

×环文〔2013〕44号

××省环境保护厅

转发环境保护部办公厅关于印发2013年

国家重点监控企业名单的通知

图2-28 设置横线的效果

知识拓展

通过前面的任务主要学习了文件的创建与打开方法，文本的输入与修改方法，利用不同的方式设置字体格式，设置字符间距，设置段落的对齐与缩进格式，设置段落的行间距与段落间距，格式刷的应用，以及文档的保存与另存方法。这些操作都是Word 2010的基本操作，另外还有一些基本操作在前面的任务中没有运用到，下面就介绍一下。

动手做1 设置字符间距

字符间距指的是文档中两个相邻字符之间的距离。通常情况下，采用单位“磅”来度量字符间距。在特定情况下用户可以根据需要来调整字符间距。例如，当排版标题时，如果这个标题只有两三个字符，为了使标题美观，可以增加字符间距。

设置字符间距的具体步骤如下。

Step 01 选中要设置字符间距的文本。

Step 02 单击“开始”功能区“字体”组中右下角的“对话框启动器”按钮，打开“字体”对话框，单击“高级”选项卡，如图2-29所示。

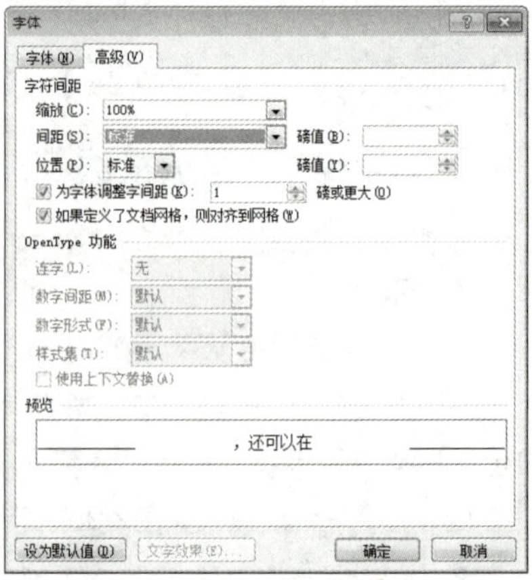

图2-29 设置字符间距

Step 03 在“间距”下拉列表中用户可以选择字符间距的类型是“标准”、“加宽”或“紧缩”，如果为字符间距设置了“加宽”或“紧缩”选项，还可以在右侧的“磅值”文本框中设置“加宽”或“紧缩”的数值。

Step 04 用户还可以根据需要在“位置”下拉列表中选择字符位置的类型是“标准”、“提升”或“降低”，如果为字符间距设置了“提升”或“降低”选项可以在右侧的“磅值”文本框中设置“提升”或“降低”的数值。

Step 05 单击“确定”按钮。

动手做2 设置项目符号

为了增强文档的可读性，使段落条理更加清楚用户可以为文档中的段落设置项目符号，设置项目符号的具体操作步骤如下。

Step 01 选中要设置项目符号的段落，在"开始"选项卡下，单击"段落"组中的"项目符号"选项右侧的下三角箭头，打开一个下拉列表，如图2-30所示。

Step 02 单击"项目符号库"中的某一个项目符号，则选中的段落被应用了项目符号。

如果对系统提供的项目符号或编号不满意，可单击"项目符号"下拉列表中的"定义新项目符号"命令，打开"定义新项目符号"对话框，如图2-31所示。在对话框中用户可以单击"符号"、"图片"按钮选择图片或符号作为项目符号。

图2-30 项目符号列表

图2-31 "定义新项目符号"命令

动手做3 使用撤销与恢复

当用户对文档进行编辑操作时，Word 2010都把每一步操作和内容的变化记录下来，这种暂时存储的功能使撤销与恢复和重复变得十分方便。合理地利用"撤销"、"恢复"和"重复"命令可以提高工作的效率。

Step 01 撤销操作

Word 2010在执行"撤销"命令时，它的名称会随着用户的具体工作内容而变化。

如果只撤销最后一步操作，可单击快速访问工具栏中的"撤销"按钮" "或按组合键"Ctrl+Z"。如果想一次撤销多步操作，可连续单击"撤销"按钮多次，或者单击"撤销"按钮后的下三角箭头，打开如图2-32所示的下拉列表框，在下拉列表框中选择要撤销的步骤即可。例如，在应用格式刷粘贴格式后，发现个是应用错误，此时用户可以直接单击"撤销"按钮撤销这一步的操作。

Step 02 恢复操作

执行完一次"撤销操作"命令后，如果用户又想恢复"撤销"操作之前的内容，可单击快速访问工具栏的"恢复"按钮" "，或按组合键"Ctrl+Y"。

动手做4 设置换行与分页

默认情况下，Word 2010按照页面设置自动分页，但自动分页有时会使一个段落的第一行排在页面的最下面或是一个段落的最后一行出现在下一页的顶部。为了保证段落的完整性及更好的外观效果，可以通过"换行和分页"的设置条件来控制段落的分页。

将鼠标定位在要设置换行与分页的段落中，打开"段落"对话框，单击"换行与分页"选项卡，如图2-33所示。

图2-32 可以撤销的操作列表

图2-33 设置换行和分页

在分页区域可以对段落的分页与换行进行设置。

- 孤行控制：如果选中该复选框。如果段落的第一行出现在页面的最后一行，Word 2010 将自动调整将该行推至下一页；如果段落的最后一行出现在下一页的顶部，Word 2010 自动将孤行前面的一行也推至下页，使段落的最后一行不再是孤行。
- 与下段同页：如果选中该复选框，则可以使当前段落与下一段落同处于一页中。
- 段中不分页：选中该复选框，则段落中的所有行将同处于一页中，中间不分页。
- 段前分页：如果选中该复选框，则可以使当前段落排在新的一页的开始。

课后练习与指导

一、选择题

1. 在Word 210中（　　）组合键是撤销功能，（　　）组合键是恢复功能。
   A. "Ctrl+R"，"Ctrl+A"　　　　B. "Ctrl+Z"，"Ctrl+Y"
   C. "Ctrl+R"，"Ctrl+Y"　　　　D. "Ctrl+Z"，"Ctrl+A"

2. 下列哪些功能在"字体"对话框中可以进行设置？（　　）
   A. 文字间距　B. 字号　　　　C. 字体　　　　D. 字形

3. 下面哪些项是Word 210中提供的段落对齐方式格式？（　　）
   A. 左对齐　B. 两端对齐　　　C. 分散对齐　　D. 左右对齐

4. 使用（　　）按钮，可以复制文字和段落的格式。
   A. 粘贴　　B. 格式刷　　　　C. 剪切　　　　D. 复制

5. 在Word 2010中（　　）组合键可放大选中的文本，（　　）组合键可以缩小选中的文本。
   A. "Ctrl+Alt+>"，"Ctrl+Alt+<"
   B. "Shift+Alt+>"，"Shift+Alt+<"
   C. "Ctrl+Shift+>"，"Ctrl+Shift+<"
   D. "Shift+Tab+>"，"Shift+Tab+<"

6. 快速调整行距的快捷键分别是："Ctrl+1"、"Ctrl+2"、"Ctrl+5"分别是（　　）。

A．1.5倍行距，单倍行距，2倍行距

B．单倍行距，2倍行距，1.5倍行距

C．2倍行距，1.5倍行距，单倍行距

D．1.5倍行距，2倍行距，单倍行距

二、填空题

1．默认情况下，在新建的文档中输入文本时文字以________的格式输入，即________字。

2．字符间距指的是文档中________之间的距离，通常情况下，采用单位________来度量字符间距。

3．段落的缩进可分为________、________、________和________四种方式。

4．在________功能区________组中提供了设置段落对齐方式的按钮，另外在________对话框中用户也可以设置段落对齐格式。

5．用户也可以通过组合键来设置段落对齐，______、______、______、______分别可以设置左对齐、居中对齐、右对齐、两端对齐和分散对齐。

6．按“Ctrl+]”是________文本字号，按“Ctrl+]”组合键是________文本字号。

三、简答题

1．如何利用格式刷复制段落格式？

2．如何将某个符号自定义为项目符号？

3．如何取消应用的编号？

4．如何在文档中添加横线？

5．要使段落的第一行不出现在页面的最后一行，而出现在下一页，应如何进行设置？

6．如何缩小字符与字符之间的间距？

四、实践题

按下述要求完成全部操作，结果如图2-34所示。

1．设置第一行标题为华文新魏；正文设置为楷体。

2．设置第一行标题为二号字；正文设置为四号字。

3．设置第一行标题为居中对齐方式。

4．设置正文各段首行缩进为2字符。

5．设置第一行标题段落段后间距为1行。

6．设置正文段落行间距为固定值36磅。

7．设置标题字符间距为加宽，磅值为3磅。

效果图位置：案例与素材\模块二\源文件\关于手机辐射。

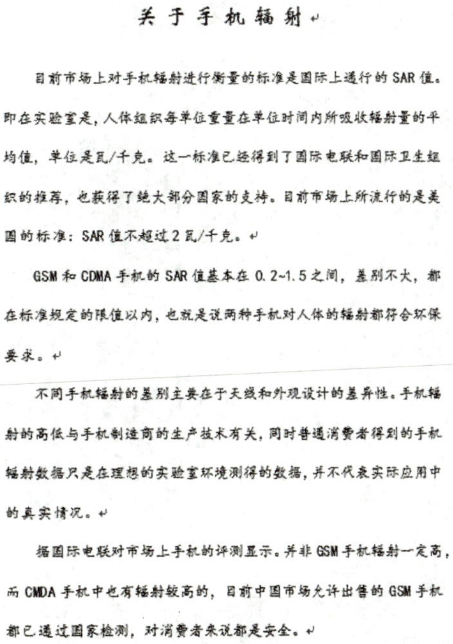
关于手机辐射

目前市场上对手机辐射进行衡量的标准是国际上通行的SAR值。即在实验室是，人体组织每单位重量在单位时间内所吸收辐射量的平均值，单位是瓦/千克。这一标准已经得到了国际电联和国际卫生组织的推荐，也获得了绝大部分国家的支持。目前市场上所流行的是美国的标准：SAR值不超过2瓦/千克。

GSM和CDMA手机的SAR值基本在0.2~1.5之间，差别不大，都在标准规定的限值以内，也就是说两种手机对人体的辐射都符合环保要求。

不同手机辐射的差别主要在于天线和外观设计的差异性。手机辐射的高低与手机制造商的生产技术有关，同时普通消费者得到的手机辐射数据只是在理想的实验室环境测得的数据，并不代表实际应用中的真实情况。

据国际电联对市场上手机的评测显示。并非GSM手机辐射一定高，而CMDA手机中也有辐射较高的，目前中国市场允许出售的GSM手机都已通过国家检测，对消费者来说都是安全。

图2-34　设置效果

Word 2010、Excel 2010、PowerPoint 2010案例教程

模块 03 Word的图文混排艺术——制作公司宣传单

你知道吗？

图文结合能够克服了文档形式单一的不足，增加文档的可读性，才能引人入胜。Word 2010可以把图形对象与文字对象结合在一个版面上，实现图文混排，轻松地设计出图文并茂的文档。在文档中使用图文混排可以增强文章的说服力，并且使整个文档的版面显得美观大方。

应用场景

人们平常所见到的贺卡、打折促销等宣传单，如图3-1所示，这些都可以利用Word 2010软件的图文混排功能来制作。

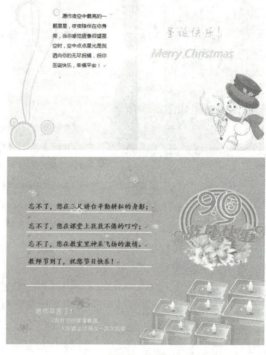

图3-1　贺卡

当今社会，竞争日趋加强，企业为增强企业市场竞争力，巩固品牌实力，运用不同的形式来扩大公司的对外宣传，公司宣传页就是最重要的表现形式之一。公司宣传页代表的是一个

企业的形象，是对一个公司文化、内涵、实力、经营项目、经典案例甚至员工素质的一个整体的概括展示。人们通过它能初步的了解认识一个公司，并通过它来吸引住客户，使其对公司业务产生兴趣并形成进一步的合作。

如图3-2所示，就是利用Word 2010图文混排的功能制作的公司宣传单。请读者根据本模块所介绍的知识和技能，完成这一工作任务。

图3-2　公司宣传单效果

相关文件模板

利用Word 2010软件的图文混排功能，还可以完成奖状、名片、日历、元旦贺卡、教师节贺卡、圣诞贺卡、促销海报、篮球赛海报、产品宣传单、降价宣传单等工作任务。

为方便读者，本书在配套的资料包中提供了部分常用的文件模板，具体文件路径如图3-3所示。

图3-3　应用文件模板

背景知识

对于一个企业来说，宣传就是第一生产力，宣传出效益。宣传工作的好坏，直接关系到企业的赢利和形象的树立，甚至会影响到企业的生存和发展，所以宣传对一个企业来说是至关重要的，而作为企业宣传的重中之重，企业宣传页的制作则尤为重要。

宣传页的设计应该根据其用途、反映，合理地进行设计，并且要尽量避免浪费。宣传页的设计不仅仅是做出漂亮的东西就行，能够收到预期的效果才是重要的，因此在宣传页中一定要突出特色、突出定位、突出服务。

设计思路

在对传单的设计过程中，由于宣传单所用的纸张不是普通的纸张，因此应首先对纸张的大小进行设置，然后利用图片、艺术字以及文本框对产品宣传单进行设计。制作宣传单表的基本步骤可分解为：

Step 01 设置页面；

Step 02 应用图片；

Step 03 应用艺术字；

Step 04 应用文本框。

项目任务3-1 设置页面

在基于模板创建一篇文档后，系统将会默认给出纸张大小、页面边距、纸张的方向等。如果用户制作的文档对页面有特殊的要求或者需要打印，这时用户就对页面重新进行设置。

动手做1 设置纸张大小

Word 2010提供了多种预定义的纸张，系统默认的是"A4"纸，可以根据需要选择纸张大小，还可以自定义纸张的大小。这里先设置宣传单的纸张大小，具体操作步骤如下。

Step 01 创建一个新的文档。

Step 02 单击"页面布局"选项卡下"页面设置"组右下角的"对话框启动器"按钮，打开"页面设置"对话框，单击"纸张"选项卡，如图3-4所示。

Step 03 在"纸张大小"下拉列表中选择"16开（18.4厘米×26厘米）"；在"应用于"下拉列表中选择"整篇文档"。

Step 04 单击"确定"按钮。

> **教你一招**
>
> 在设置纸张大小时用户可以在"页面布局"选项卡的"页面设置"组中单击"纸张大小"按钮，在列表中选择合适的纸张，如图3-5所示。如果选择"其他页面大小"命令，则打开"页面设置"对话框。

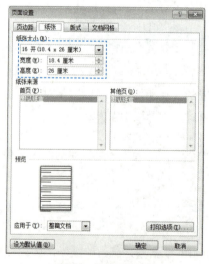

图3-4 设置纸张大小

图3-5 纸张大小下拉列表

动手做2　设置页面边距

页边距是正文和页面边缘之间的距离，在页边距中存在页眉、页脚和页码等图形或文字，为文档设置合适的页边距可以使打印出的文档美观。只有在页面视图中才可以查看页边距的效果，因此设置页边距时应在页面视图中进行。

为宣传单设置页边距的具体操作步骤如下。

Step 01 单击"页面布局"选项卡下"页面设置"组右下角的"对话框启动器"按钮，打开"页面设置"对话框，单击"页边距"选项卡，如图3-6所示。

Step 02 在"页边距"区域的"上"、"下"、"左"、"右"文本框中分别选择或输入"0 厘米"。在"方向"区域选择"横向"。

Step 03 单击"确定"按钮。

教你一招

在设置页边距时用户可以在"页面布局"选项卡的"页面设置"组中单击"页边距"按钮，在列表中选择合适的页边距，如图3-7所示。如果选择"自定义边距"选项，则打开"页面设置"对话框。

图3-6　设置页边距

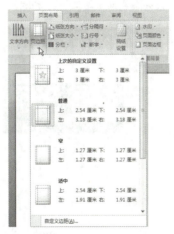

图3-7　页边距下拉列表

项目任务3-2　在文档中应用图片

在文档中添加图片，可以使文档更加美观大方。Word 2010是一套图文并茂、功能强大的图文混排系统，它允许用户在文档中导入多种格式的图片文件，并且可以对图片进行编辑和格式化。

动手做1　插入图片

用户可以很方便地在Word 2010中插入图片，图片可以是一个剪贴画、一张照片或一幅图画。在Word 2010中可以插入多种格式的外部图片，如*.bmp、*.pcx、*.tif和*.pic等。

在产品宣传单中插入图片的具体操作步骤如下。

Step 01 将插入点定位在文档中要插入图片的位置。

Step 02 单击"插入"选项卡下"插图"组中的"图片"按钮，打开"插入图片"对话框，如图3-8所示。

Step 03 在对话框中找到要插入图片所在的位置，然后选中图片文件。

Step 04 单击"插入"按钮，被选中的图片插入到文档中，如图3-9所示。

图3-8 "插入图片"对话框　　　　　　　　　　图3-9 插入图片的效果

Step 05 按照相同的方法插入其他的图片，在插入图片后，用户会发现由于图片大小和版式的原因，插入的图片分布在两页纸张上，如图3-10所示。

图3-10 插入多张图片的效果

提示

图形插入在文档中的位置有两种：嵌入式和浮动式。嵌入式图片直接放置在文本中的插入点处，占据了文本处的位置；浮动式图片可以插入在图形层，可在页面上自由地移动，并可将其放在文本或其他对象的上面或下面。在默认情况下，Word 2010 插入的图片为嵌入式，而插入的图形是浮动式。

动手做2　设置图片版式

用户可以通过Word 2010的版式设置功能，将图片置于文档中的任何位置，还可以设置不同的环绕方式得到各种环绕效果。

这里将宣传单中最大的图片设置为"衬于文字下方"的图片版式，具体操作步骤如下。

Step 01 在宣传单中最大图片上单击鼠标左键选中图片。

Step 02 单击"格式"选项卡下"排列"组中的"自动换行"按钮，打开一个下拉列表，如图3-11所示。

Step 03 在列表中选中"衬于文字下方"选项，设置图片版式的效果如图3-12所示。

Step 04 按照相同的方法设置其他三张图片的版式为浮于文字上方。

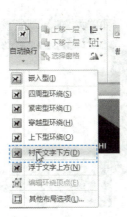
图3-11　文字环绕下拉列表

图3-12　设置图片版式后的效果

Word 2010中有常用的六种环绕方式，默认的环绕方式是嵌入型。

- 嵌入型：这种版式是图片的缺省插入方式，图片嵌入在文本中，可将图片作为普通文字处理。
- 四周型环绕：在这种版式下文本排列在图片的四周，如果图片的边界是不规则的，则文字会按一个规则的矩形边界排列在图片的四周。这种版式可以利用鼠标拖动将图片放到任何位置。
- 紧密型环绕：和四周型类似，但如果图片的边界是不规则的，则文字会紧密地排列在图片的周围。
- 衬于文字下方：在这种版式下图片衬于文本的底部，此时把鼠标放在文本空白处，在显示图片的地方也可拖动鼠标移动图片的位置。
- 浮于文字上方：在这种版式下图片浮在文本上方，此时被图片覆盖的文字是不可视的，用鼠标拖动图片也可以把图片放在任意位置。
- 上下型环绕：在这种版式下文本文本分布在图片的上、下方，图片的左右两端则无文本。
- 穿越型环绕：和紧密型环绕类似，在这种版式下，文字会紧密地排列在图片的周围。

教你一招

在自动换行下拉列表中如果单击"其他布局选项"则打开"布局"对话框，如图3-13所示。在"布局"对话框的"位置"选项卡中用户可以设置图片的详细位置，在文字环绕选项卡中用户可以设置"文字环绕"方式。

动手做3　调整图片位置

同样，如果插入图片的位置不合适也会使文档的版面显得不美观，用户可以对图片的位置进行调整。

例如，对宣传单中图片的位置进行适当的调整，具体操作步骤如下。

Step 01 将鼠标移至图片上，当鼠标变成"✥"形状时，按下鼠标左键并拖动鼠标。

Step 02 到达合适的位置时松开鼠标即可，调整图片位置后的效果如图3-14所示。

图3-13　"布局"对话框　　　　图3-14　调整图片位置后的效果

动手做4　调整图片大小

在插入图片时如果图片的大小合适，图片可以显著地提高文档质量，但如果图片的大小不合适，不但不会美化文档，还会使文档变得混乱。

如果文档中对图片的大小要求并不是很精确，可以利用鼠标快速地进行调整。在选中图片后在图片的四周将出现八个控制点，如果需要调整图片的高度，可以移动鼠标到图片上或下边的控制点上，当鼠标变成"↕"形状时向上或向下拖动鼠标即可调整图片的高度；如果需要调整图片的宽度，将鼠标移动到图片左或右边的控制点上，当鼠标指针变成"↔"形状时向左或向右拖动鼠标即可调整图片的宽度；如果要整体缩放图片，移动鼠标到图片右下角的控制点上，当鼠标变成⇘形状时，拖动鼠标即可整体缩放图片。

例如，要对产品宣传单中的"亿丰方园装饰"图片进行整体缩放，具体操作步骤如下。

Step 01 用鼠标左键单击"亿丰方园装饰"图片，选中图片。

Step 02 移动鼠标到图片右下角的控制点上,当鼠标变成" "形状时,按下鼠标左键并向外拖动鼠标,此时会出现一个虚线框,表示调整图片后的大.

Step 03 当虚线框到达合适位置时松开鼠标即可,调整图片大小后的效果如图3-15所示.

图3-15 调整图片大小后的效果

教你一招

在实际操作中如果需要对图片的大小进行精确地调整,可以在"格式"选项卡的"大小"组中进行设置,如图3-16所示。用户还可以单击大小组右侧的对话框启动器,打开"布局"对话框"大小"选项卡,如图3-17所示。在对话框中更改图片的大小有两种方法。一种方法是在"高度和宽度"选项区域中直接输入图片的高度和宽度的确切数值;另一种方法是在"缩放"区域中输入高度和宽度相对于原始尺寸的百分比;如果选中"锁定纵横比"复选框,则Word 2010将限制所选图片的高与宽的比例,以便高度与宽度相互保持原始的比例。此时如果更改对象的高度,则宽度也会根据相应的比例进行自动调整,反之亦然。

图3-16 直接设置图片大小

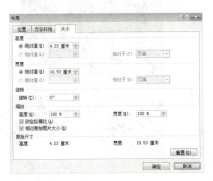

图3-17 "布局"对话框"大小"选项卡

项目任务3-3 在文档中应用艺术字

通过对字符的格式设置,可将字符设置为多种字体,但远远不能满足文字处理工作中对字形艺术性的设计需求。使用Word 2010提供的艺术字功能,可以创建出各种各样的艺术字效果。

动手做1 创建艺术字

为了使宣传单更具艺术性,可以在宣传单中插入艺术字,具体操作步骤如下。

Step 01 单击"插入"选项卡下"文本"组中的"艺术字"按钮,打开"艺术字样式"下拉列表,如图3-18所示。

Step 02 在"艺术字样式"下拉列表中单击"第五行第三列"艺术字样式后,在文档中会出现一个"请在此放置您的文字"文本框,如图3-19所示。

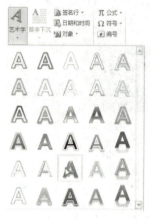

图3-18 "艺术字"下拉列表　　图3-19 "请在此放置您的文字"文本框

Step 03 在编辑框中输入文字"湘潭家装顶级盛会",选中输入的文字,切换到"开始"选项卡,然后在"字体"下拉列表中选择"隶书",在"字号"下拉列表中选择"36"字号,单击"粗体"按钮取消加粗状态,插入艺术字的效果如图3-20所示。

图3-20 插入艺术字的效果

动手做2 调整艺术字位置

可以明显看出,艺术字在产品宣传单中的位置不够理想,因此需要调整它的位置使之符合要求。由于在插入的艺术字时同时插入了艺术字编辑框,因此调整艺术字编辑框的位置即可调整艺术字的位置。

调整艺术字位置的具体操作步骤如下。

Step 01 在艺术字上单击鼠标左键,则显示出艺术字编辑框。

Step 02 将鼠标移动至"艺术字编辑框"边框上,按住鼠标左键当鼠标呈" "形状时,按下鼠标左键拖动鼠标移动"艺术字编辑框"。

Step 03 文本框到达合适位置后,松开鼠标,移动艺术字的效果如图3-21所示。

图3-21　艺术字被调整位置后的效果

 提示

默认情况下,插入的艺术字是"浮于文字上方"的版式,因此用户可以自由移动艺术字的位置。用户可以根据需要调整艺术字的版式,单击"格式"选项卡下"排列"组中的"自动换行"按钮,打开"自动换行"下拉列表,在下拉列表中选择一种版式即可,如图3-22所示。

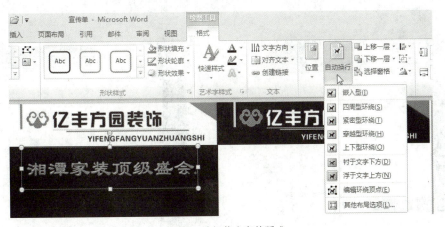

图3-22　选择艺术字的版式

动手做3　设置艺术字样式

在插入艺术字后,用户还可以对插入的艺术字设置效果,具体操作步骤如下。

Step 01 选中艺术字编辑框中的艺术字,切换到"绘图工具"下的"格式"选项卡。

Step 02 单击"艺术字样式"组中"文本填充"按钮右侧的下三角箭头,打开一个下拉列表。在下拉列表中选择"标准颜色"区域的"黄色",如图3-23所示。

Step 03 单击"艺术字样式"组中"文本轮廓"按钮右侧的下三角箭头,打开一个下拉列表。在下拉列表中选择"标准颜色"区域的"黄色",如图3-24所示。

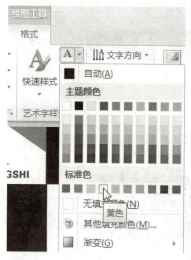 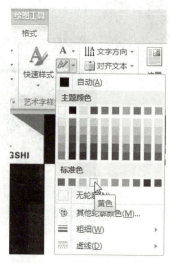

图3-23 "文本填充"下拉列表　　　　　　　图3-24 "文本轮廓"下拉列表

Step 04 单击"艺术字样式"组中"文字效果"按钮右侧的下三角箭头,打开一个下拉列表。在下拉列表中选择"棱台"选项中的"无棱台效果"选项,如图3-25所示。

Step 05 单击"艺术字样式"组中"文字效果"按钮右侧的下三角箭头,打开一个下拉列表。在下拉列表中选择"发光"选项中"发光变体"中的"第一列第二行"选项,如图3-26所示。

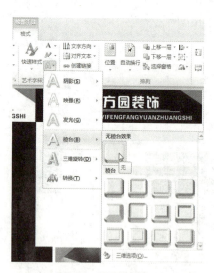 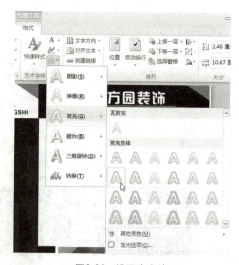

图3-25 设置棱台效果　　　　　　　图3-26 设置发光效果

Step 06 在"发光"选项列表中选择"发光选项",打开"设置文本效果格式"对话框,如图3-27所示。

Step 07 在"发光"区域单击"颜色"按钮,打开一个下拉列表。在下拉列表中选择"黄色",设置"大小"为"10磅","透明度"为"60%"。

Step 08 设置完毕,单击"关闭"按钮,艺术字的最终效果如图3-28所示。

模块 **03** Word的图文混排艺术——制作公司宣传单

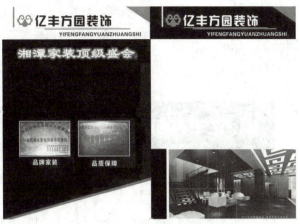

图3-27 "设置文本效果格式"对话框　　　　图3-28 设置艺术字的最终效果

项目任务3-4 应用文本框

灵活使用Word 2010中的文本框对象，可以将文字和其他各种图形、图片、表格等对象在页面中独立于正文放置并方便地定位。可以利用文本框在宣传单中输入相关内容，实现文本与图片的混排。

动手做1 绘制文本框

根据文本框中文本的排列方向，可将文本框分为"横排"和"竖排"两种。在横排文本框中输入文本时，文本在到达文本框右边的框线时会自动换行，用户还可以对文本框中的内容进行编辑，如改变字体、字号大小等。

在产品宣传单中绘制文本框并输入文本，具体操作步骤如下。

Step 01 单击"插入"选项卡下"文本"组中的"文本框"按钮，在打开的下拉列表中单击"绘制文本框"选项，鼠标变成 + 形状，如图3-29所示。

Step 02 按住鼠标左键拖动，绘制出一个大小合适的文本框，效果如图3-30所示。

图3-29 绘制文本框　　　　图3-30 绘制的文本框

Step 03 将插入点定位在文本框中，在文本框中输入相应的文本。输入文本默认的"字体"为"宋

47

体"、"字号"为"五号",效果如图3-31所示。

Step 04 切换到"开始"选项卡,设置"主要内容"的"字体"为"黑体","字号"为"一号","颜色"为"红色","加粗";设置内容文本"字体"为"黑体","字号"为"四号";设置内容文本后半部分的"颜色"为"红色","加粗";设置文本的效果如图3-32所示。

图3-31　在文本框中输入文本　　　　　　图3-32　设置文本的效果

Step 05 单击"插入"选项卡下"文本"组中的"文本框"按钮,在打开的下拉列表中单击"绘制竖排文本框"选项,在文档中绘制一个竖排文本框,并输入文本"演绎经典",效果如图3-33所示。

Step 06 设置文本的"字体"为"华文行楷","字号"为"小二","字体颜色"为"白色"。

图3-33　绘制竖排文本框的效果

动手做2　设置文本框格式

默认情况下,绘制的文本框带有边线,并且有白色的填充颜色。边线和填充颜色影响了宣传单的版面美观,可以将文本框的线条颜色和填充颜色设置为"无颜色",使文本框具有透明效果,从而不影响整个版面的美观。

设置文本框的具体操作步骤如下:

Step 01 在文本框的边线上单击鼠标左键选中"演绎经典"竖排文本框,单击"形状样式"组中的"形状填充"按钮,打开一个下拉列表,在下拉列表中选择"无填充颜色"选项,如图3-34所示。

Step 02 单击"文本框样式"组中的"形状轮廓"按钮,打开一个下拉列表。在下拉列表中选择"无轮廓",如图3-35所示。设置文本框的效果如图3-36所示。

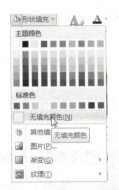 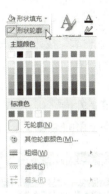

图3-34 "形状填充"下拉列表　　图3-35 "形状轮廓"下拉列表

图3-36 设置竖排文本框的效果

Step 03 再绘制一个横排文本框,并输入相应文字,设置文字的"字体"为"黑体","字号"为"四号",效果如图3-37所示。

Step 04 选中文本框中的所有文本段落,切换到"开始"选项卡,单击段落组中的"居中"按钮,使文本框中的文本居中显示。

Step 05 单击"段落"组中的"行距"按钮,在下拉列表中选择"行距选项"命令,打开"段落"对话框,在"行距"下拉列表中选择"固定值",在设置值文本框中选择或输入"18 磅",如图3-38所示。

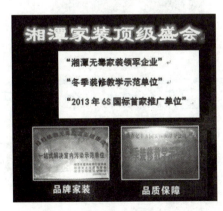 

图3-37 绘制文本框并输入文本　　图3-38 设置文本框中文本的段落间距

Step 06 单击"确定"按钮,则文本框中的文本效果变为如图3-39所示。

Step 07 在文本框的边线上单击鼠标左键选中文本框,切换到"格式"选项卡,单击"形状样式"

组中的"形状填充"按钮,打开一个下拉列表。在下拉列表中选择"无填充颜色"选项,单击"文本框样式"组中的"形状轮廓"按钮,打开一个下拉列表。在下拉列表中选择"无轮廓"。

Step 08 选中文本框中的所有文本,在"字体"组中单击字体颜色按钮右侧的箭头,在下拉列表中设置文本的字体颜色为"白色",设置文本框的最终效果如图3-40所示。

按照相同的方法再绘制三个文本框,分别输入相应文本,适当调整各个文本框的位置,并设置文本框格式,宣传单的最终效果如图3-41所示。

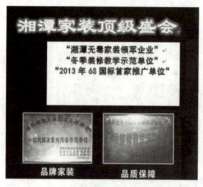 

图3-39 设置文本框中文本段落格式的效果　　　图3-40 设置文本框格式及字体颜色的效果

图3-41 宣传单的最终效果

项目拓展——利用自选图形绘制一个小兔子

利用Word 2010的绘图功能可以很轻松、快速地绘制各种外观专业、效果生动的图形。对于绘制出来的图形还可以调整其大小,进行旋转、翻转、添加颜色等,也可以将绘制的图形与其他图形组合,制作出各种更复杂的图形。

如图3-42所示就是利用Word 2010的绘图功能绘制的一个小兔子。

设计思路

在小兔子的制作过程中,用户首先应绘制自选图形,然后对自选图形进行编辑,制作小兔子的基本步骤可分解为：

Step 01 自定义纸张大小；

Step 02 添加图片；

Step 03 添加艺术字；

Step 04 添加文本框。

动手做1　绘制自选图形

利用Word 2010的绘图功能用户可以很轻松快速地绘制出各种外观专业、效果生动的图形来。用户可以利用"插入"选项卡下的"插图"组中的"形状"按钮可方便地在指定的区域绘图。

绘制自选图形的基本方法如下。

Step 01 单击"插入"选项卡下"插图"组中的"形状"按钮，打开一个下拉列表，如图3-43所示。

图3-42　小兔子最终效果图　　图3-43　"形状"下拉列表

Step 02 在列表中的基本图形中单击"椭圆"按钮，此时鼠标变为"十"字形状，在文档中拖动鼠标，即可绘制出"椭圆"图形，如图3-44所示。

Step 03 按照相同的方法利用椭圆和直线绘制一个小兔子的轮廓，如图3-45所示。

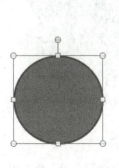

图3-44　绘制椭圆　　图3-45　绘制的小兔子轮廓

动手做2 设置自选图形效果

在绘制自选图形后，用户可以为绘制的自选图形设置效果，具体操作步骤如下。

Step 01 在小兔子的左耳朵上单击鼠标，选中图形。

Step 02 切换到"格式"选项卡，单击"形状样式"组右侧的对话框启动器按钮打开"设置形状格式"对话框。

Step 03 单击左侧的"填充"选项，在右侧的"填充"区域选择"渐变填充"选项，在"颜色"下拉列表中选择"黄色"，"位置"设置为"0%"，"亮度"设置为"0%"，"透明度"设置为"0%"，如图3-46所示。

Step 04 单击左侧的"线条颜色"选项，在右侧的"线条颜色"区域选择"实线"选项，在"颜色"下拉列表中选择"黑色"，如图3-47所示。

图3-46 设置填充效果　　　　　　　　图3-47 设置线条颜色

Step 05 单击左侧的"线型"选项，在右侧的"线型"区域选择"宽度"为"0.75磅"，如图3-48所示。

Step 06 单击"关闭"按钮，则设置小兔子左耳朵的效果如图3-49所示。

按照相同的方法设置小兔子的填充效果和线条粗细，最终效果如图3-50所示。

图3-48 设置线型　　　图3-49 设置小兔子左耳朵的效果　　图3-50 设置小兔子的效果

动手做3 设置自选图形的叠放次序

在绘制自选图形时最先绘制的图形被放置到了底层，用户可以根据需要重新调整自选图形的叠放次序，设置图形叠放次序的基本方法如下：

Step 01 在小兔子的腿上上单击鼠标，选中图形。

Step 02 切换到"格式"选项卡，单击"排列"组中"下移一层"，或单击"下移一层"右侧的箭头，在列表中选择"置于底层"，则小兔子的腿被放置到了身体的下面，如图3-51所示。

图3-51 将小兔子的腿放置到底层

知识拓展

通过前面的任务主要学习了图片的应用、艺术字的应用、文本框的应用等图文混排的操作，另外还有一些关于图文混排的常用操作在前面的任务中没有运用到，下面就介绍一下。

动手做1 插入剪贴画

Word 2010提供了一个功能强大的剪辑管理器，在剪辑管理器中的Office收藏集中收藏了多种系统自带的剪贴画，使用这些剪贴画可以活跃文档。收藏集中的剪贴画是以主题为单位进行组织的。例如，想使用Word 2010提供的与"自然"有关的剪贴画时可以选择"自然"主题。

在文档中插入剪贴画的具体操作步骤如下。

Step 01 将插入点定位在要插入剪贴画的位置。

Step 02 单击"插入"选项卡"插图"组中的"剪贴画"按钮，打开"剪贴画"任务窗格。

Step 03 在"剪贴画"任务窗格"搜索文字"文本框中输入要插入剪贴画的主题。例如，输入"自然"。在"搜索范围"下拉列表中选择所要搜索的剪贴画的范围。在"结果类型"下拉列表中选择所要搜索的剪贴画的媒体类型。单击"搜索"按钮，出现如图3-52所示的任务窗格。

Step 04 单击需要的剪贴画，即可将其插入到文档中。

图3-52 插入剪贴画

动手做2　向自选图形中添加文字

在各类自选图形中，除了直线、箭头等线条图形外其他的所有图形都允许向其中添加文字。有的自选图形在绘制好后可以直接添加文字。例如，绘制的标注等。有些图形在绘制好后则不能直接添加文字，在自选图形上单击鼠标右键，然后在快捷菜单中选择"添加文字"命令即可向自选图形中添加文字。

动手做3　设置图片样式

在Word 2010中加强了对图片的处理功能，在插入图片后用户还可以设置图片的样式和图片效果。设置图片样式和图片效果的基本步骤如下。

Step 01 选中要设置样式的图片，在"格式"选项卡的"图片样式"组中单击"图片样式"后面的下三角箭头，打开"图片外观样式"列表，如图3-53所示。

Step 02 在列表中选择一种样式，如选择"金属椭圆"选项，则图片的样式变为如图3-54所示的效果。

图3-53　图片外观样式列表

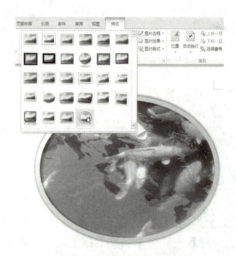
图3-54　设置图片样式的效果

Step 03 在"格式"选项卡的"图片样式"组中单击"图片边框"按钮，打开图片边框列表。在列表中用户可以选择图片的边框。

Step 04 在"格式"选项卡的"图片样式"组中单击"图片效果"按钮，打开图片效果列表，在列表中用户可以选择图片的效果。若选择图片效果中"映像"中的"全映像接触"，则图片的效果变为如图3-55所示。

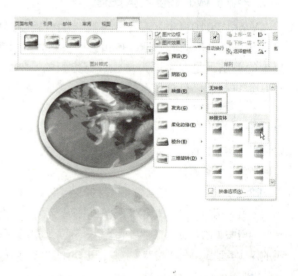

图3-55　设置图片映像的效果

课后练习与指导

一、选择题

1. 单击"格式"选项卡下（　　）组中的"自动换行"按钮，在列表中可以设置图片的版式。
   A．排列　　　　B．文字环绕　　　　C．位置　　　　D．布局选项
2. 关于设置图片大小下列说法正确的是（　　）。
   A．用户可以利用鼠标拖动调整图片大小
   B．用户可以等比例缩放图片
   C．用户可以在"格式"选项卡下"大小"组中直接设定图片的大小
   D．用户还可以对插入的图片进行旋转
3. 关于插入艺术字下列说法正确的是（　　）。
   A．在插入艺术字时用户可以选择插入艺术字的样式
   B．选择艺术字样式后，就不必再设置插入艺术字的字体以及字号
   C．插入艺术字后，用户还可以重新对艺术字的文本轮廓进行设置
   D．插入艺术字后，用户还可以重新对艺术字的文本填充效果进行设置
4. 关于插入文本框下列说法错误的是（　　）。
   A．文本框可以分为"横排"和"竖排"两种
   B．用户可以绘制文本框，也可以插入内置的文本框样式
   C．用户可以对文本框中的文本设置段落对齐和段落间距
   D．用户可以对绘制文本框的边框和填充效果进行设置
5. 关于自选图形下列说法错误的是（　　）。
   A．有的自选图形在绘制好后可以直接添加文字
   B．有些图形在绘制好后不能直接添加文字，这样的图形只能用文本框添加文字
   C．绘制的自选图形可以设置线条样式和线条颜色
   D．绘制的自选图形不能随意更改大小
6. 在绘图工具栏中单击"椭圆"按钮，此时按住（　　）键可以绘出正圆图形。
   A．Ctrl　　　　B．Shift　　　　C．Alt　　　　D．Tab
7. 选中图形或者图片后，会出现几个控制点？（　　）
   A．9个　　　　B．8个　　　　C．7个　　　　D．6个
8. 在默认情况下，图片是以哪种环绕方式插入的？（　　）
   A．四周环绕型　　　　　　　　B．嵌入型
   C．浮于文字上方　　　　　　　D．上下型环绕

二、填空题

1. Word 2010提供了多种预定义的纸张，系统默认的是_____纸，用户可以根据自己的需要选择纸张大小，还可以自定义纸张的大小。
2. 页边距是_____边缘之间的距离，在页边距中存在_____、_____和_____等图形或文字，为文档设置合适的页边距可以使打印出的文档美观。
3. 单击"页面布局"选项卡下"页面设置"组右下角的对话框启动器按钮，打开_____对话框。

4．在"页面布局"选项卡的"页面设置"组中单击_____按钮，在列表中可以选择合适的纸张。

5．在"页面布局"选项卡的"页面设置"组中单击_____按钮，在列表中可以选择合适的页边距。

6．单击_____选项卡下"插图"组中的"图片"按钮，打开"插入图片"对话框。

7．在"格式"选项卡下_____组中的_____下拉列表中可以设置艺术字的文字环绕方式。

8．单击_____选项卡下"艺术字样式"组中的_____按钮，在下拉列表中可以设置艺术字的填充效果。

9．在"格式"选项卡的_____组中单击_____按钮，在下拉列表中可以设置图片的阴影效果。

10．在"格式"选项卡的"文本框样式"组中单击_____按钮，在下拉列表中可以设置文本框的线条样式。

三、简答题

1．如何为自选图形添加文字？
2．设置图片大小有哪几种方法？
3．如何设置艺术字的填充效果？
4．如何自定义纸张大小？
5．在文档中插入剪贴画的基本方法是什么？
6．图片在文档中有哪几种环绕方式？

四、实践题

制作"贪婪是受骗的开始"文档。

本练习将制作一个如图3-56所示的图文混排文档，具体要求如下：

1．自定义纸张大小，设置纸张的宽度为15厘米，高度为10厘米。

2．在文档中插入图片文件"案例与素材\模块三\素材\贪婪是受骗的开始.jpg"。

3．设置图片的文字环绕方式为"衬于文字下方"。

4．在文档中插入艺术字，艺术字样式为"第四行第二列"，字体为"楷体"，字号为"24"。

5．设置艺术字文本填充效果为"红色 强调文字颜色2"，文本轮廓为"无轮廓"，文字效果为棱台中的"棱纹"。

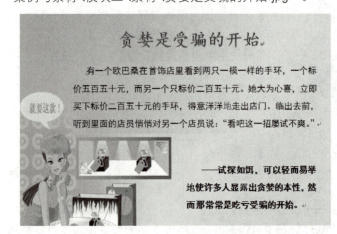

图3-56 "贪婪是受骗的开始"文档的最终效果

6．在文档中插入文本框，设置上方文本框中的字体为"黑体"，字号为"小四"；设置下方文本框中的字体为"黑体"，字号为"小四"，"加粗"；设置文本框中文本的行间距为"1.5倍行距"。

效果图位置：案例与素材\模块三\源文件\贪婪是受骗的开始。

Word 2010、Excel 2010、PowerPoint 2010案例教程

模块 04 Word表格的应用——制作会议签到表

你知道吗？

表格是编辑文档时常见的文字信息组织形式，它的优点就是结构严谨、效果直观。以表格的方式组织和显示信息，可以给人一种清晰、简洁、明了的感觉。

应用场景

人们平常所见到的课程表等表格，如图4-1所示，这些都可以利用Word 2010的表格功能来制作。

红杏电脑学校网页师培训课程表

上课时间		授课内容	主讲老师
2013-3-4 星期一	8:30-11:30	网络基础	王 伟
	13:00-16:00	FW交流课	张希杰
2013-3-5 星期二	8:30-11:30	网络基础	李 明
	13:00-16:00	DIV+CSS实例	张希杰
2013-3-6 星期三	8:30-11:30	Dreamweaver8	李 明
	13:00-16:00	DIV+CSS实例	张希杰
2013-3-7 星期四	8:30-11:30	Dreamweaver8	李 明
	13:00-16:00	FW交流课	张希杰
2013-3-8 星期五	8:30-11:30	DIV+CSS实例	王 伟
	13:00-16:00	Dreamweaver8	王 伟

图4-1 课程表

某房产公司要召开安全文明施工的会议，要求业主单位、施工单位以及监理单位参加，为了证实与会人员的身份，参加会议的人员需要在签到表上签到。

如图4-2所示，就是利用Word 2010的表格功能制作的签到表表。请读者根据本模块所介绍的知识和技能，完成这一工作任务。

中山火炬建设监理有限公司会议签到表

工程名称：雅德坊商住小区一期工程 **编号：003**

会议时间 2013 年 10 月 11 日			
会议地点：工地办公室			
会议主题：进度、质量、安全文明施工事宜			
参加人员签名	单位	电话号码	备注
中山市中盈房地产置业有限公司（业主单位）			
汕头市建筑工程公司（施工单位）			
中山火炬建设监理有限公司（监理单位）			
其他单位			

图4-2 会议签到表

报关文件模板

利用Word 2010软件的表格功能，还可以完成表格简历、会议签到表、课程表、培训班课程表、员工工资调整申请表、费用报销单、差旅费报销单、办公用品申领表、列车时刻表、招待费用报销单等工作任务。为方便读者，本书在配套的资料包中提供了部分常用的文件模板，具体文件路径如图4-3所示。

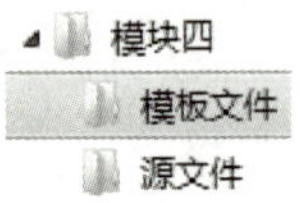

图4-3 应用文件模板

背景知识

会议签到表可以放会议室一进门的桌子上，要有专人负责，签到表要参会人自己签，最好不要代签，如果参会人员较多可以等大家坐好后传着签。

会议签到表有以下作用。

1．证明你开过该类型的会议，是一种见证性材料，日后检查或者审核时可以作为文件出示。

2．作为会议纪要的一个附件，证明会议纪要中参加的人是真实的。

3．作为一种记录，方便档案管理。

设计思路

在办公用品申领表的制作过程中，首先创建一个表格，然后在表格中输入文本，在输入文本后对表格进行插入行、删除列的操作，最后还应对表格进行修饰。制作办公用品申领表的基本步骤可分解为：

Step 01 创建表格；

Step 02 编辑表格；

Step 03 修饰表格。

项目任务4-1 创建表格

表格是由水平的行和垂直的列组成，行与列交叉形成的方框称之为单元格。在Word 2010中提供了多种创建表格的方法，可以使用"表格"按钮、"插入表格"对话框或直接绘制表格等方法来创建表格。

如果创建的表格行列数比较少，可以利用"表格"按钮，但是创建的表格不能设置自动套用格式和列宽，而是需要在创建表格后作进一步地调整。用"插入表格"对话框创建的表格，可以在其中输入表格的行数和列数，系统自动在文档中插入表格，这种方法不受表格行、列数的限制，并且还可以同时设置表格的列宽。

由于会议签到表行列数比较多且复杂，这里利用"插入表格"对话框，创建会议签到表，具体操作步骤如下。

Step 01 创建一个新文档，然后首先输入表头文字，效果如图4-4所示。

Step 02 将插入点定位在表头文字的下一行。

Step 03 在"插入"选项卡下的"表格"组中单击"表格"按钮，打开一个下拉列表，单击"插入表格"选项，打开"插入表格"对话框，如图4-5所示。

Step 04 这里设置"列数"为"4"，"行数"为"24"。

中山火炬建设监理有限公司会议签到表

工程名称：雅德坊商住小区一期工程　　　　编号：003

图4-4 输入表头文字　　　　　图4-5 "插入表格"对话框

Step 04 单击"确定"按钮，完成插入表格的操作，如图4-6所示。

在"插入表格"对话框的"自动调整"操作选项区域中还可以选择以下操作内容。

- 选择"固定列宽"，可以在数值框中输入或选择列的宽度，也可以使用默认的"自动"选项把页面的宽度在指定的列之间平均分布。这里选择默认设置。
- 选择"根据窗口调整表格"，可以使表格的宽度与窗口的宽度相适应，当窗口的宽度改变时，表格的宽度也跟随变化。

- 选择"根据内容调整表格"单选按钮，可以使列宽自动适应内容的宽度。
- 若选中"为新表格记忆此尺寸"选项，此时对话框中的设置将成为以后新建表格的默认值。

图4-6 插入表格后的效果

教你一招

如果在插入表格之前没有输入表格标题，想要在表格上方插入一个空行用于输入表格标题。将鼠标指针放在表格的第一个单元格中，按下"Enter"键，就可以在表格上方插入一个空行。

项目任务4-2 编辑表格

编辑表格主要包括在表格中移动插入点并在相应的单元格中输入文本和信息，移动和复制单元格中的内容以及插入、删除行（列）等一些基本的编辑操作。

动手做1 在表格中输入文本

在表格中输入文本与在文档中输入文本的方法一样，都是先定位插入点，创建好表格后插入点默认地定位在第一个单元格中。如果需要在其他单元格中输入内容，只要用鼠标单击该单元格即可定位插入点，再向表格中输入数据就可以了。

如果在单元格中输入文本时出现错误，按"Backspace"键删除插入点左边的字符，按"Delete"键删除插入点右边的字符，在签到表中输入内容的效果如图4-7所示。

动手做2 在表格中插入行（列）

在创建表格时可能有的行（列）不能满足要求，此时可以在表格中插入行（列）使表格的行（列）能够满足需要。

如果用户希望在表格的某一位置插入行（列），首先将鼠标定位在对应位置，然后选择

"局部"选项卡下"行和列"组中的选项即可。

例如，在会议签到表的"其他单位"下方插入一个新行，具体操作步骤如下。

Step 01 将插入点定位在"其他单位"所在行的任意单元格中。

Step 02 在"布局"选项卡下"行和列"组中单击"在下方插入"按钮，则在表格的最后插入一个空白行，效果如图4-8所示。

图4-7　在创建的表格中输入内容　　　　图4-8　表格插入行后的效果

教你一招

将鼠标定位到最后某一行边框线的外面，按键盘上的"Enter"键，也可在当前行的下面插入一个新的空白行。

动手做3　在表格中删除多余行（列）

插入表格时，对表格的行或列控制得不好将会出现多余的行或列，用户可以根据需要将多余的行或列删除。在删除单元格、行或列，单元格、行或列中的内容同时也被删除。

例如，会议签到表的"汕头市建筑工程公司（施工单位）"下的有一空白行是多余的，用户可将它删除，具体步骤如下。

Step 01 将鼠标定位在"汕头市建筑工程公司（施工单位）"下多余空白行的任意单元格中。

Step 02 在"布局"选项卡下"行和列"组中单击"删除"按钮，打开一个下拉列表如图4-9所示。

Step 03 单击"删除行"选项，则所选的行被删除。

动手做4　合并单元格

Word 2010允许将多个单元格合并成一个单元格，或者将一个单元格拆分为多个单元格，这为制作复杂的表格提供了极大的便利。

在调整表格结构时，如果需要让几个单元格变成一个单元格，可以利用Word 2010提供的合并单元格功能。

例如，对"会议签到表"表格的单元格进行合并，具体操作步骤如下。

Step 01 将鼠标定位在会议签到表第一行第一个单元格中，按住鼠标左键向右拖动，选中第一行的所有单元格。

Step 02 单击"布局"选项卡下"合并"组中的"合并单元格"按钮，则选中的单元格被合并为一个单元格，如图4-10所示。

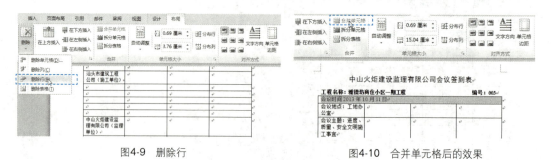

图4-9　删除行　　　　　　　　　　图4-10　合并单元格后的效果

项目任务4-3　修饰表格

表格创建编辑完成后，为了使其更加美观大方，还可以进行如添加边框和底纹、设置表格中文本的对齐方式等修饰。

动手做1　调整行高

在Word 2010中不同的行可以有不同的高度，但同一行中的所有单元格必须具备相同的高度。

例如，为会议签到表调整行高，具体步骤如下。

Step 01 将鼠标移到第一行左边界的外侧，当鼠标变成箭头状时"↗"，单击鼠标左键则可选中该行，按住鼠标左键拖动选中表格的所有行。

Step 02 在"布局"选项卡下"单元格大小"组的"表格行高度"文本框中输入"0.8 厘米"，则选定的行高度被设置为"0.8 厘米"，效果如图4-11所示。

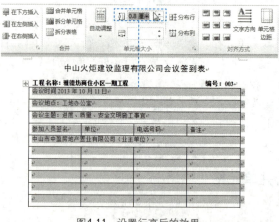

图4-11　设置行高后的效果

Step 03 将鼠标指针移动到要调整行高的行边框线上，当出现一个改变大小的行尺寸工具"⬌"时按住鼠标左键向下拖动鼠标，此时出现一条水平的虚线，显示改变行高度后的位置，当行高调整合适时松开鼠标，如图4-12所示。

Step 04 按照相同的方法适当调整几个签到单位的行高。

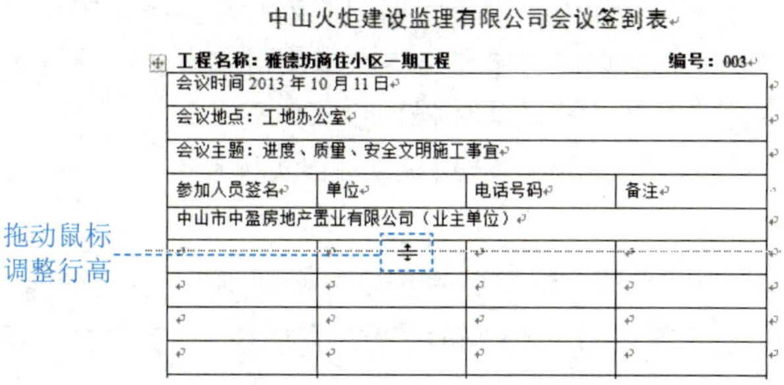

图4-12 利用鼠标调整行高

动手做2 调整列宽

对于已有的表格，为了让各列的宽度与内容相符，用户可以调整行列宽度。在Word 2010中不同的列可以有不同的宽度，同一列中各单元格的宽度也可以不同。

例如，调整会议签到表的列宽，具体步骤如下。

Step 01 将鼠标定位在第一列的"参加人员签名"单元格中。

Step 02 单击"布局"选项卡下"单元格大小"组右侧的对话框启动器按钮，打开"表格属性"对话框，如图4-13所示。

Step 03 单击"列"选项卡，选中"指定宽度"复选框，在"度量单位"下拉列表中选择"厘米"，在"指定宽度"后面的下拉列表中选择或输入"3.5厘米"。

Step 04 单击"后一列"按钮，设置第2列的列宽为"5厘米"；单击"后一列"按钮，设置第3列的列宽为"5厘米"；单击"后一列"按钮，设置第4列的列宽为"3.5厘米"。

Step 05 单击"确定"按钮，设置列宽的效果如图4-14所示。

图4-13 "表格属性"对话框 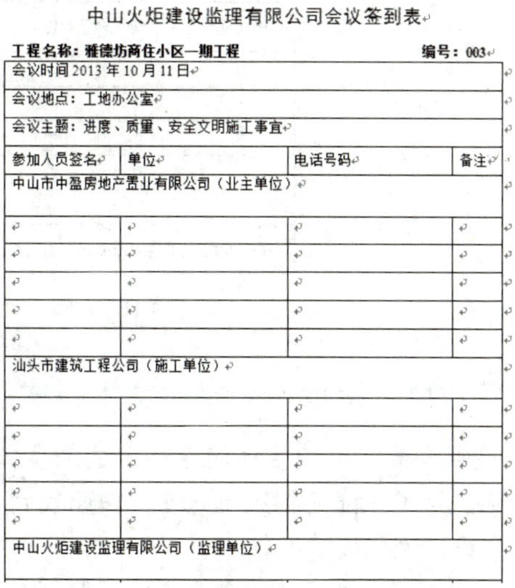　　图4-14 利用对话框设置列宽的效果

动手做3　设置单元格的对齐方式

设置表格中文本的格式和在普通文档中一样，可以采用设置文档中文本格式的方法设置表格中文本的字体、字号、字形等格式，此外还可以设置表格中文字的对齐方式。

单元格默认的对齐方式为"靠上两端对齐"，即单元格中的内容以单元格的上边线为基准向左对齐。如果单元格的高度较大，但单元格中的内容较少不能填满单元格时顶端对齐的方式会影响整个表格的美观，用户可以对单元格中文本的对齐方式进行设置。

设置会议签到表单元格对齐方式的具体操作步骤如下。

Step 01　将鼠标移到第一行左边界的外侧，当鼠标变成箭头状时"↗"，单击鼠标则可选中第一行，然后向下拖动鼠标选中前三行。

Step 02　在"布局"选项卡下"对齐方式"组中单击"中部两端对齐"按钮。

Step 03　选中"参加人员签名"一行，在"布局"选项卡下"对齐方式"组中单击"水平居中"按钮。

Step 04　按照相同的方法设置签名单位的居中方式为"水平居中"，设置单元格对齐效果如图4-15所示。

图4-15　设置文本对齐后的效果

动手做4　设置单元格中文本格式

会议签到表格内部的字体应选择合适的字体大小，一般情况下，中文应选择"小四"或"五号"字。为了保证签到人员方便、快速找到自己单位所在表格中的位置，因此需要将每个单位的名字设置为稍大的字体。

例如，将会议签到表的"中山市中盈房地产置业有限公司（业主单位）"文本设置为"四

号"、"黑体",具体操作步骤如下:

Step 01 选中单元格中的文本"中山市中盈房地产置业有限公司(业主单位)"。

Step 02 在"开始"选项卡下"字体"组中的"字体"下拉列表中选择"黑体",在"字号"下拉列表中选择"四号",效果如图4-16所示。

Step 03 按照相同的方法设置其他签到单位文本"字体"为"黑体","字号"为"四号"。

动手做5　设置表格边框和底纹

文字可以通过使用Word 2010提供的修饰功能,变得更加漂亮,表格也不例外。颜色、线条、底纹可以随心所欲,任意选择。

例如,为会议签到表的表格添加双实线边框,具体操作步骤如下。

Step 01 单击表格左上角的控制按钮"⊕",选中整个表格。

Step 02 单击"设计"选项卡下"绘图边框"组右侧的对话框启动器,打开"边框和底纹"对话框,如图4-17所示。

图4-16　设置表格文本的效果　　　图4-17　"边框和底纹"对话框

Step 03 单击"边框"选项卡,在"设置"区域单击"虚框"按钮,在"样式"列表中选择"双实线",在"应用于"下拉列表中选择"表格"。

Step 04 单击"确定"按钮。

Step 05 选中表格的"参加人员签名"一行,在"设计"选项卡下"表格样式"组中单击"底纹"按钮,打开一个下拉列表,在列表中选择"橄榄色","强调文字 3",如图4-18所示。

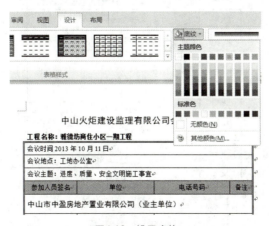

图4-18　设置底纹

为表格设置边框和底纹的效果如图4-19所示。

中山火炬建设监理有限公司会议签到表

工程名称：雅德坊商住小区一期工程　　**编号：003**

会议时间 2013 年 10 月 11 日			
会议地点：工地办公室			
会议主题：进度、质量、安全文明施工事宜			
参加人员签名	单位	电话号码	备注
中山市中盈房地产置业有限公司（业主单位）			
汕头市建筑工程公司（施工单位）			
中山火炬建设监理有限公司（监理单位）			
其他单位			

图4-19　设置表格边框和底纹效果

项目拓展——制作处理请示单

在单位要购买设备时，要写一份处理请示单，交给上级进行批示，利用Word 2010提供的表格制作和编辑功能，可以方便快捷地完成一个如图4-20所示的处理请示单。

×××外语学院院长办公室请示处理单

收文时间	2013.09.22	原文号	关工委[2013]号	顺序号	393
来文单位	关工委				
文件名称	关开配置办公桌椅的请求				
内容摘要	关工委拟申请为新到的任靳海林副主任配置办公桌椅一套。 当否，请指示！				
拟办意见					
职能部门拟办意见					
领导指示					
办理结果					
承办人	范杰	审核人	林克勤		

1．办理结束后，职能部门将办理结果送学院办公室归档.
2．职能部门的拟办意见，在收文后两个工作日内提出.

图4-20　处理请示单

设计思路

在处理请示单表格的制作过程中，用户可以利用"表格"按钮创建新的表格，然后对表格进行编辑，制作课程资讯表格的基本步骤可分解为：

Step 01 利用"表格"按钮创建表格；
Step 02 使用鼠标调整行高和列宽；
Step 03 拆分单元格。

动手做1 利用"表格"按钮创建表格

处理请示单中的表格的行列数比较少，用户可以利用"表格"按钮创建表格，具体操作步骤如下。

Step 01 创建一个新文档，首选输入表头文字，并设置文字的"字体"为"黑体"，"字号"为"二号"。

Step 02 在"插入"选项卡下的"表格"组中单击"表格"按钮，出现一个下拉列表，在"插入表格"网格区域按住鼠标左键沿网格左上角向右拖动指定表格的列数，向下拖动指定表格的行数。

Step 03 这里选择列数为2，行数为8，如图4-21所示。

Step 04 松开鼠标，完成插入表格的操作，如图4-22所示。

图4-21 利用"表格"按钮创建表格　　图4-22 插入表格后的效果

动手做2 调整表格行高与列宽

调整处理请示单表格行高与列宽的具体操作步骤如下。

Step 01 将鼠标指向表格右下角，当鼠标变为双向箭头形状时按住鼠标左键向下拖动鼠标。

Step 02 当到达适当位置时，松开鼠标，用户可以发现表格的行高被改变，如图4-23所示。

Step 03 将鼠标指针移动到要第一列的右侧列边框线上，当出现一个改变大小的列尺寸工具"╫"时按住鼠标左键拖动鼠标，此时出现一条垂直的虚线，显示列改变后的宽度，到达合适位置松开鼠标即可，如图4-24所示。

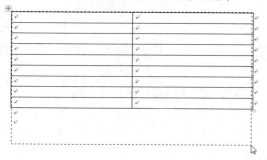
图4-23 拖动鼠标改变表格大小

图4-24 拖动鼠标改变列宽

教你一招

如果在拖动鼠标时，按住"Shift"键，将会改变边框左侧一列的宽度，并且整个表格的宽度将发生变化，但是其他各列的宽度不变。如果在拖动鼠标时按住"Ctrl"键，则边框右侧的各列宽度发生均匀变化，整个表格宽度不变。如果在拖动鼠标时，按住"Alt"键，可以在标尺上显示列宽。

动手做3 拆分单元格

拆分单元格最简单的方法是使用"表格工具"的"设计"选项卡中的"绘制表格"按钮在单元格中画出边线，鼠标将变成铅笔状，在单元格中拖动铅笔状的鼠标时，被鼠标拖过的地方将出现边线。在拆分单元格时如果情况比较复杂可以使用"拆分单元格"命令对要拆分的单元格进行设置。

例如，将处理请示单的表格的第一行第二列的单元格拆分为5个单元格，具体操作步骤如下。

Step 01 将鼠标指针定位在要拆分的单元格中，这里定位在第一行第二列的单元格中。

Step 02 单击"布局"选项卡下"合并"组中的"拆分单元格"按钮，打开"拆分单元格"对话框，如图4-25所示。

Step 03 在"列数"文本框中选择或输入要拆分的列数，这里选择或输入"5"；在"行数"文本框中选择或输入要拆分的行数，这里选择"1"。

Step 04 单击"确定"按钮，拆分后的效果如图4-26所示。

图4-25 "拆分单元格"对话框图

图4-26 拆分单元格的效果

在处理请示单的表格中输入相应文本，适当设置文本的字体格式与对齐方式，处理请示单的最终效果如图4-27所示。

×××外语学院院长办公室请示处理单

收文时间	2013.09.22	原文号	关工委 [2013]号	顺序号	393
来文单位	关工委					
文件名称	关开配置办公桌椅的请求				
内容摘要	关工委拟申请为新到的任靳海林副主任配置办公桌椅一套。 当否，请指示！				
拟办意见					
职能部门拟办 意见					
领导指示					
办理结果					
承办人	范杰	审核人		林克勤	

1. 办理结束后，职能部门将办理结果送学院办公室归档。
2. 职能部门的拟办意见，在收文后两个工作日内提出。

图4-27 处理请示单的最终效果

知识拓展

通过前面的任务主要学习了创建表格、编辑表格中文本、插入行（列）、删除行（列）、合并（拆分）单元格、调整行高与列宽、设置边框和底纹等操作，另外还有一些关于表格常用的操作在前面的任务中没有运用到，下面就介绍一下。

动手做1 选定单元格

选定单元格是编辑表格的最基本操作之一。用户可以利用鼠标选中和利用"选定"命令选中表格中相邻的或不相邻的多个单元格，可以选择表格的整行或整列，也可以选定整个表格。在设置表格的属性时应选定整个表格，有一点要注意，选定表格和选定表格中的所有单元格在性质上是不同的。

利用鼠标可以快速地选中单元格，操作方法如下。

- 选择单个单元格：将鼠标移动到单元格左边界与第一个字符之间，当鼠标指针变成"➚"状时单击鼠标即可选中该单元格，双击则可选中整行。
- 选择多个单元格：如果选择相邻的多个单元格，在表格中按下鼠标左键拖动鼠标，在虚框范围内的单元格被选中。
- 选择一行：将鼠标移到该行左边界的外侧，当鼠标变成箭头状时"➚"，单击鼠标则可选中该行。

- 选择一列：将鼠标移到该列顶端的边框上，当鼠标变成一个向下的黑色实心箭头"↓"时，单击鼠标。如果按住"Alt"键的同时单击该列中的任意位置，则整个列也被选中。
- 选择多行（列）：先选定一行（列），然后按住"Shift"键单击另外的行（列），则可将连续的多行（列）同时选中。如果先选定一行（列），然后按住"Ctrl"键单击另外的行（列），则可将不连续的多行（列）同时选中。
- 单击表格左上角的"⊞"标记可以选中整个表格，或者在按住"Alt"键的同时双击表格中的任意位置也可选中整个表格。

对于计算机的操作并不十分熟练的用户，可以利用命令来选中表格中的内容。首先将插入点定位在表格中，单击"布局"选项卡下"表"组中的"选择"按钮，打开一个下拉列表，如图4-28所示。用户可以在列表中进行选择。

- 选择"单元格"选项，则选中插入点所在的单元格。
- 选择"行"（或"列"）则选中光标所在单元格的整行（整列）。
- 选择"表格"则选中整个表格。

动手做2　自由绘制表格

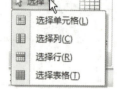

图4-28　选择下拉列表

Word 2010提供了用鼠标绘制任意不规则的自由表格的强大功能，单击"插入"选项卡下"表格"组中的"表格"按钮，在打开的下拉列表中选择"绘制表格"选项，此时鼠标指针变成铅笔形状"✎"，在文档窗口按住鼠标左键不放拖动鼠标，即可画出表格的边框线。单击"设计"选项卡下"绘图边框"组中的"擦除"按钮 ，这时鼠标指针变成橡皮状"⌒"。按住鼠标左键并拖动经过要删除的线，就可以删除表格的框线。

动手做3　文本转换为表格

如果以前用户输入过和表格内容类似的信息，现在可以直接把它变成表格分析，这样可以减少重复输入提高工作效率。

将文本内容转换为表格的具体步骤如下。

Step 01 在需要转换文本的适当位置添加必要的分隔符，单击"开始"选项卡"段落"组中的"显示/隐藏编辑标记"按钮"¶"，可以查看文本中是否包含适当的分隔符。选中需要转换为表格的文本，如图4-29所示。

Step 02 在"插入"选项卡的"表格"组中单击"表格"按钮，在下拉列表中选择"文本转换成表格"选项，打开"将文字转换成表格"对话框，如图4-30所示。

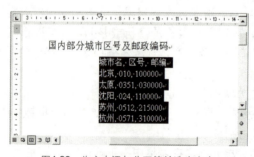

图4-29　为文本添加分隔符并选中文本

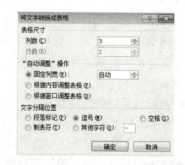

图4-30　"将文字转换成表格"对话框

Step 03 在"列数"文本框中显示出系统辨认的列数，用户也可以在"列数"文本框中选择或输入所需的列数。

Step 04 在"行数"文本框中显示的是表格中将要包含的行数。
Step 05 在"自动调整操作"区域中设置适当的列宽。
Step 06 在"文字分隔位置"区域中选择确定列的分隔符。
Step 07 单击"确定"按钮,选中的文本将自动转换为一个表格,如图4-31所示。

动手做4　表格转换为文本

将表格转换为文本的具体步骤如下。

Step 01 将插入点定位在表格中的任意单元格中。
Step 02 在"布局"选项卡下"数据"组中单击"表格转换成文本"按钮,打开将"表格转换成文本"对话框,如图4-32所示。
Step 03 在"文字分隔符"区域选中一种文字分隔符。
Step 04 单击"确定"按钮,表格即可转化为普通的文本。

图4-31　文本转换为表格后的效果

图4-32　将"表格转换成文本"对话框

课后练习与指导

一、选择题

1. 关于插入行或列下列说法正确的是（　　）。
   A．在"插入"选项卡的"表格"组中可以设置插入行或列
   B．只能在当前行的下方插入行
   C．可以在当前列的左侧插入列
   D．可以在当前列的右侧插入列

2. 关于删除行或列下列说法正确的是（　　）。
   A．用户可以删除鼠标定位的行　　　B．用户可以删除鼠标定位的列
   C．用户可以删除鼠标定位的单元格　D．用户可以删除鼠标定位的表格

3. 单击"布局"选项卡下（　　）组右侧的对话框启动器按钮,打开"表格属性"对话框。
   A．单元格大小　　　　　　　　　　B．行和列
   C．表格　　　　　　　　　　　　　D．表

4. 关于设置边框和底纹下列说法正确的是（　　）。
   A．用户可以在"设计"选项卡下"表样式"组中的边框下拉列表中设置边框
   B．用户可以在"设计"选项卡下"表样式"组中的底纹下拉列表中设置底纹
   C．用户可以在"边框和底纹"对话框中设置底纹

D．用户可以在“边框和底纹”对话框中设置边框

5．在表格中不属于“自动调整”操作中的选项是（　　）。

A．根据内容调整表格　　　　B．根据窗口调整表格

C．固定列宽　　　　　　　　D．根据表格调整内容

6．在利用拖动鼠标调整列宽时按住（　　）键，则边框右侧的各列宽度发生均匀变化，整个表格宽度不变。

A．Ctrl　　B．Shift　　C．Alt　　D．Tab

二、填空题

1．单击“插入”选项卡下________组的“表格”按钮，在下拉列表中选择________选项，打开“插入表格”对话框。

2．单击“布局”选项卡下________组中的________按钮，则选中的单元格被合并为一个单元格。

3．在“布局”选项卡下______组中用户可以设置单元格的对齐格式。

4．创建表格有__________、__________和__________三种方法。

5．单元格默认的对齐方式为__________即单元格中的内容以单元格的上边线为基准向左对齐。

6．在Word中不同的行可以有不同的高度，但同一行中的所有单元格必须__________，同一列中各单元格的列宽__________。

三、简答题

1．选定行或列有哪些方法？

2．如何自由绘制表格？

3．如何拆分单元格？

4．怎样将文本转换为表格？

四、实践题

制作如图4-33所示的法定假日安排表。

1．在文档中插入一个30行4列的表格。

2．按图所示合并单元格并输入相应文本。

3．设置第一行文本“字体”为“黑体”，字号为“小四”；其他行文本字体为“宋体”，“字号”为“五号”。

4．设置第一行底纹为“浅蓝色”，其余行底纹为“水绿色，强调文字颜色5，淡色40%”。

5．按图所示分别设置中间几个单元格的中部横线为“1.0 磅”的“点划线，无竖线”。

效果图位置：模块五\源文件\法定假日安排表

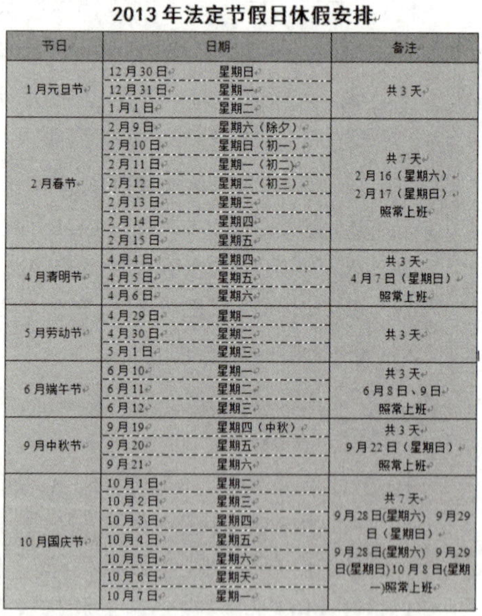

2013年法定节假日休假安排

节日	日期		备注
1月元旦节	12月30日	星期日	共3天
	12月31日	星期一	
	1月1日	星期二	
2月春节	2月9日	星期六（除夕）	共7天 2月16（星期六） 2月17（星期日） 照常上班
	2月10日	星期日（初一）	
	2月11日	星期一（初二）	
	2月12日	星期二（初三）	
	2月13日	星期三	
	2月14日	星期四	
	2月15日	星期五	
4月清明节	4月4日	星期四	共3天 4月7日（星期日） 照常上班
	4月5日	星期五	
	4月6日	星期六	
5月劳动节	4月29日	星期一	共3天
	4月30日	星期二	
	5月1日	星期三	
6月端午节	6月10	星期一	共3天 6月8日、9日 照常上班
	6月11	星期二	
	6月12	星期三	
9月中秋节	9月19	星期四（中秋）	共3天 9月22日（星期日） 照常上班
	9月20	星期五	
	9月21	星期六	
10月国庆节	10月1日	星期二	共7天 9月28日(星期六) 9月29日（星期日） 9月28日(星期六) 9月29日(星期日)10月8日(星期一)照常上班
	10月2日	星期三	
	10月3日	星期四	
	10月4日	星期五	
	10月5日	星期六	
	10月6日	星期天	
	10月7日	星期一	

图4-33　法定假日安排表

Word 2010、Excel 2010、PowerPoint 2010案例教程

模块 05 文档排版的高级操作——制作广告策划书

你知道吗？

Word 2010提供了一些高级的文档编辑和排版技术。例如，可以应用样式快速格式化文档，对文档中的文本进行注释等，这些编辑功能和排版技术为文字处理提供了强大的支持。

应用场景

人们平常在文档中会见到页眉页脚以及分栏排版如图5-1所示，这些都可以利用Word 2010软件来制作。

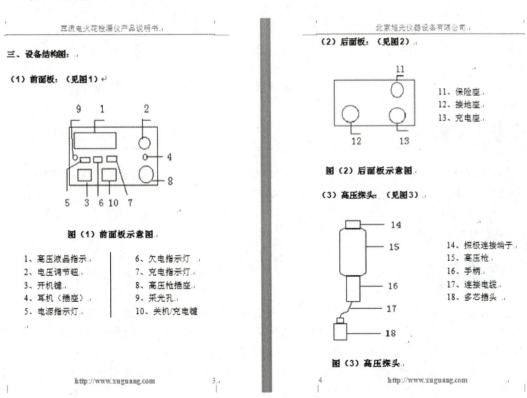

图5-1 文档中的页眉页脚以及分栏排版

某广告公司承担了某企业的房地产广告，广告公司就把广告策划意见撰写成书面形式的广告计划书提供给客户。企业通过阅读广告策划案，了解广告策划的内容，并提出自己的建议。

如图5-2所示，就是利用Word 2010制作的广告策划书。请读者根据本模块所介绍的知识和技能，完成这一工作任务。

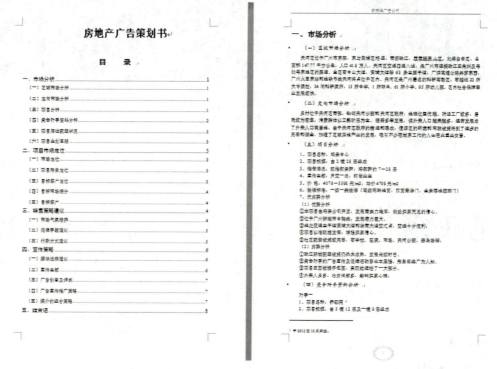

图5-2　广告策划书

相关文件模板

利用Word 2010软件的高级功能，还可以完成项目评估报告、可行性研究报告、毕业论文、员工手册、产品说明书等工作任务。

为方便读者，本书在配套的资料包中提供了部分常用的文件模板，具体文件路径如图5-3所示。

图5-3　应用文件模板

背景知识

广告策划在对其运作过程的每一部分都做出分析和评估，并制订出相应的实施计划后，最后要形成一个纲领式的总结文件，我们通常称为广告策划书。广告策划书是根据广告策划结果而写的，是提供给广告主加以审核、认可的广告运动的策略性指导文件。

广告策划书有两种形式，一种是表格式的，这种广告策划书比较简单，使用的面不是很广；另一种是以书面语言叙述的广告策划书，运用广泛。

设计思路

在编排广告策划书的过程中，首先在文档中应用样式来快速设置文档标题，然后为文档添加页眉页脚，在文档中插入注释，最后在将目录提取出来。编排广告策划书版面的基本步骤可分解为：

Step 01 应用样式；
Step 02 添加页眉页脚；
Step 03 添加注释；
Step 04 制作目录。

项目任务5-1 样式的应用

样式是指一组已经命名的字符样式或者段落样式。每个样式都有唯一确定的名称，用户可以将一种样式应用于一个段落，或段落中选定的部分字符之上，能够快速地完成段落或字符的格式编排，而不必逐个选择各种格式指令。

样式是存储在Word中的一组段落或字符的格式化指令，Word 2010中的样式分为字符样式和段落样式。

- 字符样式是指用样式名称来标识字符格式的组合，只作用于段落中选定的字符，如果要突出段落中的部分字符，那么可以定义和使用字符样式。字符样式只包含字体、字形、字号、字符颜色等字符格式的信息。
- 段落样式是指用某一个样式名称保存的一套段落格式，一旦创建了某个段落样式，就可以为文档中的一个或几个段落应用该样式。段落样式包括段落格式、制表符、边框、图文框、编号、字符格式等信息。

动手做1 利用样式列表使用样式

Word 2010的样式列表提供了方便使用样式的用户界面，在广告策划书中使用样式，具体操作步骤如下。

Step 01 打开存放在C盘的"案例与素材\模块五\素材"文件夹中名称为"广告策划书（初始）"文件，在文档中选中要应用样式的段落，这里选中"一、市场分析"。

Step 02 单击"开始"选项卡下"样式"组中的样式列表。

Step 03 在样式列表中单击"标题"，然后在"段落"组中单击"文本左对齐"按钮，设置"房地产广告策划书"段落居中，应用样式后的效果如图5-4所示。

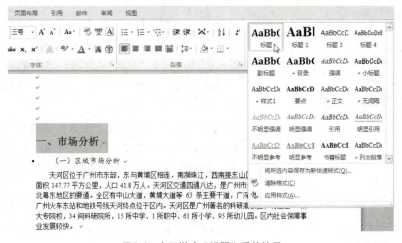

图5-4 应用样式"标题"后的效果

动手做2　创建新样式

Word 2010提供了许多常用的样式，如正文、脚注、各级标题、索引、目录等。对于一般的文档来说这些内置样式就能够满足工作需要，但在编辑一篇复杂的文档时这些内置的样式往往不能满足用户的要求，用户可以自己定义新的样式来满足特殊排版格式的需要。

例如，在广告策划书中创建一个"目录"的新样式，具体操作步骤如下。

Step 01 单击"开始"选项卡下的"样式"组中右下角的"对话框启动器"按钮，打开"样式"任务窗格，在任务窗格中底端单击"新建样式"按钮，打开"根据格式设置创建新样式"对话框，如图5-5所示。

Step 02 在"属性"区域的"名称"文本框中输入"目录"；在"样式类型"的下拉列表框中选择"段落"；在"样式基准"的下拉列表框中选择"正文"；在"后续段落样式"的下拉列表框中选择"正文"。

Step 03 在"格式"区域的"字体"下拉列表中选择"黑体"，在"字号"下拉列表中选择"三号"，单击"加粗"按钮。

Step 04 单击"格式"按钮打开一个菜单，在菜单中选择"段落"命令，打开"段落"对话框，单击"缩进和间距"选项卡，如图5-6所示。

图5-5　"根据格式设置创建新样式"对话框

图5-6　"段落"对话框

图5-7　新创建的"目录"样式

Step 05 在"常规"区域的"对齐方式"下拉列表框中选择"居中"，在"间距"区域的"段前"文本框中选择或输入"1行"，在"段后"文本框中选择或输入"1行"。

Step 06 单击"确定"按钮，返回到"根据格式设置创建新样式"对话框。

Step 07 如果选中"添加到快速样式列表"复选框，则可将创建的样式添加到样式列表中。单击"确定"按钮，新创建的样式便出现在"样式"任务窗格中，如图5-7所示。

Step 08 选中"目录"段落，然后在任务窗格中单击新创建的"目录"样式，应用"目录"样式后的效果如图5-8所示。

房地产广告策划书

目 录

一、市场分析

（一）区域市场分析

天河区位于广州市东部，东与黄埔区相连，南濒珠江，西南接东山区、北连白云区。总面积 147.77 平方公里，人口 41.8 万人。天河区交通四通八达，是广州市连接珠江三角洲及粤北粤东地区的要通。全区有中山大道、黄埔大道等 63 条主要干道，广深高速公路共穿东西，广州火车东站和地铁号线天河终点位于区内。天河区是广州著名的科研高教区，有超过 22 所大专院校、34 间科研院所、15 所中学、1 所职中、61 所小学、95 所幼儿园。区内社会保障事业发展较快。

由于城市中心东移，天河区作为新兴区域，也就成为了广州市商品楼聚集地。天河区楼盘分布相对集中，主要分布在以天河北、员村、天汕路、东圃为中心的集中区域。

图5-8　应用新创建的样式

提示

所谓"样式基准"，就是新建样式在其基础上进行修改的样式，"后继段落样式"就是应用该段落样式后面的段落默认的样式。

项目任务5-2　为文档添加页眉与页脚

页眉和页脚是指在文档页面的顶端和底端重复出现的文字或图片等信息。在草稿视图方式下用户无法看到页眉和页脚，在页面视图中看到的页眉和页脚会变淡。用户可以将首页的页眉和页脚设置成与其他页不同的样式。还可以将奇数页和偶数页的页眉和页脚设置成不同的样式。在页眉和页脚中还可以插入域，如在页眉和页脚中插入时间、页码，就是插入了一个提供时间和页码信息的域。当域的内容被更新时，页眉页脚中的相关内容就会发生变化。

页眉和页脚与文档的正文处于不同的层次上，因此，在编辑页眉和页脚时不能编辑文档的正文，同样在编辑文档正文时也不能编辑页眉和页脚。

例如，在文档"广告策划书"中创建页眉和页脚，具体步骤如下。

Step 01 将插入点定位在文档中的任意位置。

Step 02 单击"插入"选项卡下"页眉和页脚"组中的"页眉"按钮，打开一个下拉列表，在下拉列表中选择"编辑页眉"选项，进入页眉和页脚编辑模式。此时用户可以在页眉区和页脚区进行编辑，方法和在文档正文中的编辑方法相同。

Step 03 首先在"设计"选项卡的"选项"组中选中"首页不同"和"奇偶页不同"复选框，这样在页眉区域会显示"首页页眉"、"奇数页页眉"、"偶数页页眉"、首页页脚、"奇数页页脚"、"偶数页页脚"字样。

Step 04 将鼠标定位在"奇数页页眉"区域然后输入文本"新天地广告公司",在"偶数页页眉"区域中输入文本"海景中心广告策划案"。

Step 05 选中"奇数页页眉"的"新天地广告公司"段落,在"开始"选项卡下"段落"组中单击"下框线"按钮右侧的下三角箭头,打开一个列表,在列表中选择"下框线"。

Step 06 选中"偶数页页眉"的"海景中心广告策划案"段落,在"开始"选项卡下"段落"组中单击"下框线"按钮右侧的下三角箭头,打开一个列表,在列表中选择"下框线",设置页眉的效果如图5-9所示。

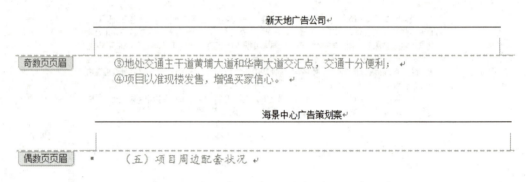

图5-9 设置页眉的效果

Step 07 将鼠标定位在"奇数页页脚"区域,单击"设计"选项卡下"页眉和页脚"组中的"页码"按钮,打开一个下拉菜单。

Step 08 在下拉菜单中选择"页面底端"按钮,在打开的子菜单中选择合适的页码样式,这里选择"星型",如图5-10所示。

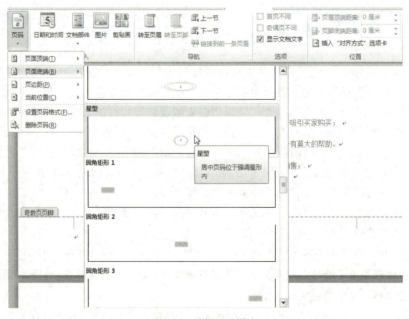

图5-10 选择页码样式

文档排版的高级操作——制作广告策划书 **05**

Step 09 将鼠标定位在"偶数页页脚"区域，单击"设计"选项卡下"页眉和页脚"组中的"页码"按钮，打开一个下拉菜单。在下拉菜单中选择"页面底端"按钮，在打开的子菜单中选择合适的页码样式，这里选择"星型"。

Step 10 单击"设计"选项卡下"页眉和页脚"组中的"页码"按钮，打开一个下拉菜单。在下拉菜单中选择"设置页码格式"命令，打开"页码格式"对话框，如图5-11所示。

Step 11 在"页码编号"区域选中"起始页码"选项，然后在后面的文本框中输入或选择"0"。单击"确定"按钮，设置页脚的效果如图5-12所示。

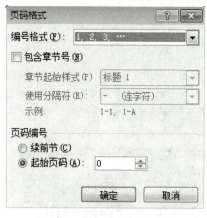

图5-11 "页码格式"对话框

图5-12 设置页脚的效果

项目任务5-3 为文档添加注释

注释是对文档中个别术语的进一步说明，以便在不打断文章连续性的前提下把问题描述得更清楚。注释由两部分组成：注释标记和注释正文。注释一般分为脚注和尾注，一般情况下脚注出现在每页的末尾，尾注出现在文档的末尾。

▶ 动手做1 插入脚注

在Word 2010中可以很方便地为文档添加脚注和尾注。例如，这里为广告策划书中的"侨颖苑"，插入脚注，具体操作步骤如下。

Step 01 找到"侨颖苑"文本，并将插入点定位在其后。

Step 02 单击"引用"选项卡下的"脚注"组的"插入脚注"按钮，即可在插入点处插入注释标记，鼠标指针自动跳转至脚注编辑区，在编辑区中对脚注进行编辑，编辑脚注的效果如图5-13所示。

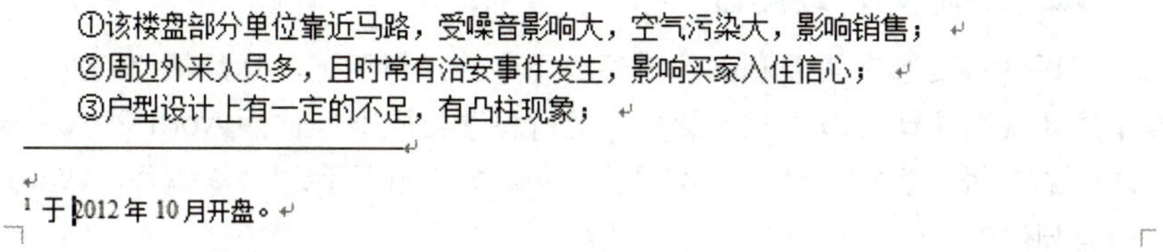

图5-13 插入脚注的效果

79

教你一招

单击"引用"选项卡下"脚注"组右下角的对话框启动器按钮,打开"脚注和尾注"对话框,如图5-14所示。在对话框中用户可以对脚注或尾注的编号格式进行设置。

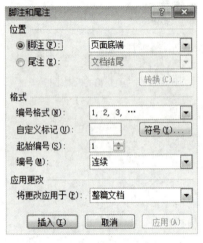

图5-14 "脚注和尾注"对话框

动手做2 查看和修改脚注或尾注

如果要查看脚注或尾注,只要把鼠标指向要查看的脚注或尾注的注释标记,页面中将出现一个文本框显示注释文本的内容。例如,查看广告策划中的一个脚注,如图5-15所示。

修改脚注或尾注的注释文本需要在脚注或尾注区进行,单击"引用"选项卡下"脚注"组中的"显示备注"按钮,会打开"显示备注"对话框,如图5-16所示。选择是查看脚注还是尾注,即会显示当前鼠标所在位置以下的第一个脚注或尾注。然后单击"下一条脚注"按钮,在弹出的菜单中可以选择查看上一条脚注或尾注还是下一条脚注或尾注。鼠标将自动进入相应的脚注或尾注区,然后就可以进行修改了。

提示

如果文档中只包含脚注或尾注,单击"引用"选项卡下的"脚注"组的"显示备注"按钮后即可直接进入脚注区或尾注区。

(四)竞争对手资料分析
对手一
1、项目名称:侨颖苑 〔于2012年10月开盘。〕
2、项目规模:由3幢12层及一幢9层组成
3、推售情况:现推C栋C1~C4梯的3~12层,B2栋的2~12层
4、宣传主题:新天河、新市民、新文化
5、价 格:4481~5145元/m²,均价4655元/m²

图5-15 显示脚注提示

图5-16 "显示备注"对话框

动手做3 删除脚注或尾注

删除脚注或尾注只要选定需要删除的脚注或尾注的注释标记,然后按"Delete"键即可,此时脚注或尾注区域的注释文本同时被删除。进行移动或删除操作后Word 2010都会自动重新调整脚注或尾注的编号。例如,删除了编号为1的脚注,无须手动调整编号,Word 2010会自动将后面的所有脚注的编号前移一位。

项目任务5-4 制作文档目录

制作文档目录的首要前提是在文档中应用了一些标题样式，在编制目录时，Word 2010将搜索带有指定样式的标题，按照标题级别排序，引用页码，然后在文档中显示目录，而且还具有自动编制目录的功能。编制目录后，可以利用它按住"Ctrl"键单击鼠标，即可跳转到文档中的相应标题。

动手做1 提取目录

这里将广告策划案的目录提取出来，具体操作步骤如下。

Step 01 将插入点定位在要插入目录的位置，这里定位在"目录"标题下面。

Step 02 单击"引用"选项卡下"目录"组中的"目录"按钮，打开"内置目录"下拉列表，如图5-17所示。用户根据要求可以在列表中选择一种内置的目录样式即可。

Step 03 在"内置目录"下拉列表中单击"插入目录"选项，打开如图5-18所示的"目录"对话框。

图5-17 "内置目录"下拉列表

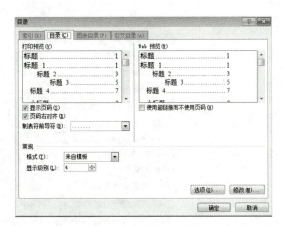

图5-18 "目录"对话框

Step 04 在"显示级别"文本框中选择或输入目录显示的级别为4。

Step 05 在"格式"下拉列表中选择一种目录格式。例如，选择"来自模板"选项，可以在"打印预览"框中看到该格式的目录效果。

Step 06 选中"显示页码"复选框，在目录的每一个标题后面显示页码。

Step 07 选中"页码右对齐"复选框，使目录中的页码居右对齐。

Step 08 在"制表符前导符"下拉列表框中指定标题与页码之间的分隔符为点下画线。

Step 09 单击"目录"对话框的"修改"按钮，打开"样式"对话框，如图5-19所示。在"样式"列表中选择"目录1"，单击"修改"按钮，打开"修改样式"对话框，如图5-20所示。

Step 10 在"修改样式"对话框中，在"格式"区域的"字体"下拉列表中选择"黑体"，在"字号"

下拉列表中选择"小四"。

图5-19 "样式"对话框

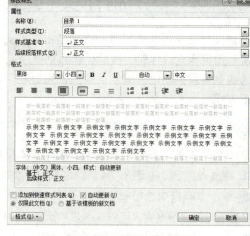
图5-20 "修改样式"对话框

Step 11 单击"确定"按钮，返回"样式"对话框。在"样式"列表中选择"目录 4"，单击"修改"按钮，打开"修改样式"对话框。

Step 12 在对话框中单击"1.5 倍行距"按钮 ，单击"减少缩进量"按钮 ，依次单击"确定"按钮，提取的目录如图5-21所示。

图5-21 提取出的目录

动手做2　更新目录

用户在提取目录后，如果对文档进行了修改，如改变了文档页码或文档标题，这样在按照目录中的页码进行查找，势必会存在误差，因此需要更新目录。

具体操作步骤如下。

Step 01　选中需要更新的目录，被选中的目录发暗。

Step 02　单击"引用"选项卡下"目录"组中的"更新目录"按钮（图5-22），打开"更新目录"对话框，如图5-23所示。

图5-22　单击"更新目录"按钮

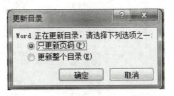
图5-23　"更新目录"对话框

Step 03　如果选中"只更新页码"单选按钮，则只更新目录中的页码，保留原目录格式；如果选中"更新整个目录"单选按钮，则重新编辑更新后的目录。这里只需选中"只更新页码"单选按钮。

Step 04　单击"确定"按钮，系统将对目录进行更新。

项目任务5-5　查找和替换文本

在一篇比较长的文档中查找某些字词是一项非常艰巨的任务，Word 2010提供的查找功能可以帮助用户快速查找所需内容，如果用户需要对多处相同的文本进行修改时还可以利用替换功能快速对文档中的内容进行修改。

动手做1　查找文本

在广告策划案文档中进行查找文本的具体操作步骤如下。

Step 01　将插入点定位在文档中的任意位置。

Step 02　单击"开始"选项卡下"编辑"组中的"查找"按钮，或者按"Ctrl+F"组合键，在文档的左侧打开"导航"窗格，如图5-24所示。

Step 03　在"导航"窗格上方的文本框中输入要查找的文本，如输入"促销手段"，按下"搜索"按钮或按下"Enter"键则在文档中以黄色底纹的方式标识出查找到的文本，如图5-24所示。

动手做2　替换文本

广告策划案文档中由于不小心将"昌乐国际小学"写成了"昌乐小学"，用户可以用替换功能将其替换为"昌乐国际小学"，在文档中执行替换操作的具体操作步骤如下。

Step 01　将插入点定位在文档中的任意位置。

Step 02　单击"开始"选项卡下的"编辑"组中的"替换"按钮，或者按"Ctrl+H"组合键，打开"查找和替换"对话框，选择"替换"选项卡。

Step 03　在"查找内容"文本框中输入要替换的内容"昌乐小学"，在"替换为"文本框中输入要替换成的内容"昌乐国际小学"。

Step 04　单击"查找下一处"按钮，系统从插入点处开始向下查找，查找到的内容会以选中显示在屏幕上，如图5-25所示。

Word 2010、Excel 2010、PowerPoint 2010案例教程

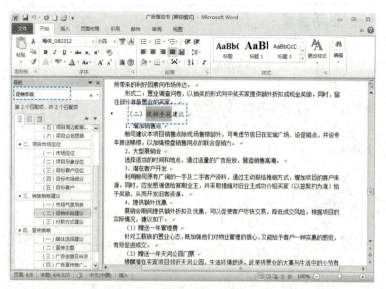

图5-24 查找文本

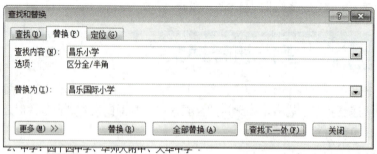

图5-25 在文档中执行替换操作

Step 05 单击"替换"按钮将会把该处的"昌乐小学"替换成"昌乐国际小学",并且系统继续查找。如果查找的内容不是需要替换的内容,可以单击"查找下一处"按钮继续查找。

Step 06 替换完毕,单击"关闭"按钮关闭对话框。

项目任务5-6 打印文档

对员工手册的版面设置完毕后,就可以将员工手册打印出来了,Word 2010提供了多种打印方式,包括打印多份文档、手动双面打印等功能。

动手做1 一般打印

一般情况下,默认的打印设置不一定能够满足用户的要求,此时可以对打印的具体方式进行设置。

例如,要将制作的广告策划案打印20份,具体操作步骤如下。

Step 01 在文档中单击"文件"选项卡,在打开的菜单中选择"打印"选项,显示打印窗口,如

图5-26所示。

Step 02 单击"打印机"右侧的下三角箭头,选择要使用的打印机。

Step 03 在"份数"文本框中选择或者输入"20"。

Step 04 单击"调整"右侧的下三角箭头,选中"调整"选项将完整打印第1份后再打印后续几份;选中"取消排序"选项则完成第一页打印后再打印后续页码。

Step 05 在预览区域预览打印效果,确定无误后单击"打印"按钮正式打印。

Step 06 单击"确定"按钮。

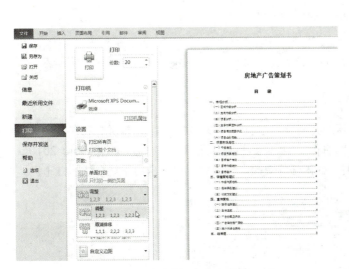
图5-26 打印文档

图5-27 选择打印的范围

动手做2 选择打印的范围

Word 2010打印文档时,既可以打印全部的文档,也可以打印文档的一部分。用户可以在"打印"窗口中的"打印自定义范围"区域设置打印的范围。

在"打印"窗口中单击"打印自定义范围"右侧的下三角箭头,打开一个下拉列表,如图5-27所示,在列表中选择下面几种打印范围。

- 选择"打印所有页"选项,就是打印当前文档的全部页面。
- 选择"打印当前页面"选项,就是打印光标所在的页面。
- 选择"打印所选内容"选项,则只打印选中的文档内容,但事先必须选中了一部分内容才能使用该选项。
- 选择"打印自定义范围"选项,则打印我们指定的页码。在"页数"编辑框中,用户可以指定要打印的页码,如图5-28所示。
- 选择"奇数页"选项,则打印奇数页页面。
- 选择"偶数页"选项,则打印偶数页页面。

动手做3 手动双面打印文档

在使用送纸盒或手动进纸的打印机进行双面打印时,利用"手动双面打印"功能可大大提高打印速度,避免打印过程中的手工翻页操作,如先打印单页,然后把打印了单面的纸放回纸盒再打印双页。

要利用"手动双面打印"功能在"打印"窗口中单击"单面打印"右侧的下三角箭头，打开一个下拉列表，如图5-29所示，在列表中选择表中选中"手动双面打印"选项。

图5-28 输入要打印的页码

图5-29 手动双面打印

动手做4 快速打印

在打印文档时用户也可进行快速打印，在文档中单击"文件"选项卡，在打开的菜单中选择"打印"选项，然后单击"打印"选项，如图5-30所示。这样就可以按Word 2010默认的设置进行打印文档，此时将不对文档做任何更改，直接将文档发送给系统默认的打印机。

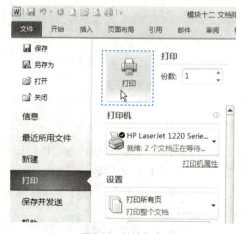

图5-30 快速打印

教你一招

用户也可以在快速访问工具栏上单击"快速打印"按钮，进行快速打印。

项目拓展——制作图文混排文档

通过对文档的版面编排可以使文档的版面布局更规范，更合理，给人耳目一新的感觉。制作图文混排文档在办公领域中是一项日常工作，这里利用Word 2010编排一个如图5-31所示的电子文稿。

图5-31　图文混排文档

设计思路

在排版电子文稿的过程中，主要是设置首字下沉与分栏排版，制作图文混排文档的基本步骤可分解为：

Step 01　设置首字下沉；

Step 02　设置分栏排版；

Step 03　图文混排。

动手做1　设置首字下沉

首字下沉是文档中常用到的一种排版方式，就是将段落开头的第一个或若干个字母、文字变为大号字，从而使文档的版面出现跌宕起伏的变化使文档更具层次感。

例如，将"地球到底能养活多少人"文档中第一段第一个文字"生"字设置首字下沉的效果，具体步骤如下。

Step 01　将鼠标定位在第一段中。

Step 02　单击"插入"选项卡下"文本"组中的"首字下沉"按钮，打开一个下拉列表，如图5-32所示。

图5-32　选择"首字下沉选项"

Step 03 在下拉列表中选择"首字下沉选项"按钮，打开"首字下沉"对话框，如图5-33所示。

Step 04 在"字体"下拉列表中选择一种字体，这里选择"华文楷体"。

Step 05 在"下沉行数"文本框中选择或输入下沉的行数，这里选择数值"3"。

Step 06 单击"确定"按钮，设置首字下沉后的效果如图5-34所示。

图5-33 "首字下沉"对话框　　　　　图5-34 设置首字下沉的效果

 提示

在"首字下沉"对话框中，选择"位置"区域的"无"选项（或者在首字下沉列表中选择无），即可取消首字下沉的效果。

动手做2　设置分栏排版

分栏是经常使用的一种页面方式，在报刊杂志中被广泛使用。分栏排版可以使文本从一栏的底端连续接到下一栏的顶端，用户只有在页面视图方式和打印预览视图方式下才能看到分栏的效果，在普通视图方式下，只能看到按一栏宽度显示的文本。

使用功能区中的"分栏"按钮可以快速创建分栏版面，如果用户要创建比较复杂的分栏可以在"分栏"对话框中进行设置。

例如，将"地球到底能养活多少人"文档中最后两段设置分栏，具体步骤如下。

Step 01 选中文档最后两段。

Step 02 单击"页面布局"选项卡下"页面设置"组中的"分栏"按钮，打开一个下拉列表，如图5-35所示。

Step 03 在列表中用户可以选择一种分栏方式，这里选择"更多分栏"选项，打开"分栏"对话框，如图5-36所示。

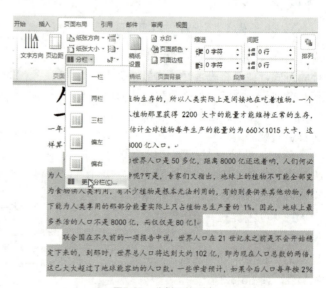

图5-35　分栏下拉列表

Step 03 在"预设"选项区域选中一种分栏样式,这里选择"两栏"样式。

Step 04 选中"栏宽相等"则被分栏的宽度保持相等,在"间距"文本框中选择或输入"2.5 字符"。如果用户取消"栏宽相等"复选框,则用户还可以在"宽度和间距"区域对两栏的栏宽和栏间距进行设置。

Step 05 选中"分隔线"复选框,则在栏之间添加分割线。

Step 06 在"应用于"下拉列表中选择应用的范围,这里选择"所选文字"。

Step 07 单击"确定"按钮。选中的文本进行分栏后的效果如图5-37所示。

教你一招

在"分栏"对话框的"预设"区域(或者在分栏下拉列表中)选择"一栏"即可将设置的分栏取消。在取消分栏时用户还可以取消分栏文档中的部分文档的分栏。在分栏文档中选中要取消分栏的部分文本,然后在"分栏"对话框的"预设"区域选择一栏,单击"确定"按钮后,系统将自动为文档分节,选中的文本被分在一节中,该节的分栏版式被取消。

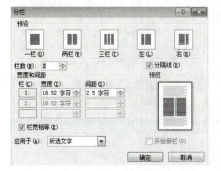

图5-36 "分栏"对话框　　　　图5-37 设置分栏后的效果

动手做3 制作图文混排文档

Step 01 首先删除文档的标题文本"地球到底能养活多少人",然后将鼠标定位在文档标题段落中。

Step 02 单击"插入"选项卡下"插图"组中的"艺术字"按钮,在下拉列表中选则第五行第三列艺术字样式,此时在文档中显示出一个"请在此放置您的文字"文字框。在文字框中输入艺术字"地球到底能养活多少人",如图5-38所示。

Step 03 单击"格式"选项卡下"排列"组中的"自动换行"按钮,打开一个下拉列表。在下拉列表中选择"嵌入型"选项,则艺术字的位置定位在标题段落中,如图5-39所示。

图5-38 创建艺术字的效果　　　　　　　　图5-39 嵌入型的艺术字

Step 04 将鼠标定位在文档中,单击"插入"选项卡下"插图"组中的"图片"按钮,打开"插入图片"对话框。在对话框中找到要插入图片所在的文件夹,这里选择C盘"案例与素材\模块五\素材"文件夹中名称为"地球"的图片文件。

Step 05 单击"插入"按钮,被选中的图片插入到文档中,如图5-40所示。

Step 06 单击"格式"选项卡下"排列"组中的"自动换行"按钮,打开一个下拉列表,在下拉列表中选择所需要的环绕方式,这里选择"四周型环绕"选项。

Step 07 在图片上单击鼠标左键选中图片,将鼠标移至图片上,当鼠标变成形状时,按下鼠标左键并拖动鼠标,图片则跟随鼠标移动,到达合适的位置时松开鼠标即可,调整图片位置后的效果如图5-41所示。

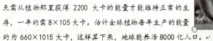

图5-40 插入图片的效果　　　　　　　　图5-41 调整图片位置的效果

知识拓展

通过前面的任务主要学习了应用样式、创建页眉和页脚、提取目录、更新目录、查找与替换以及打印文档等操作,另外还有一些操作在前面的任务中没有运用到,下面就介绍一下。

动手做1 移动脚注和尾注

如果不小心把脚注或尾注插错了位置,可以使用移动脚注或尾注位置的方法来改变脚注或尾注的位置。移动脚注或尾注只需用鼠标选定要移动的脚注或尾注的注释标记,并将它拖动到所需的位置即可。

动手做2　删除样式

对于那些用户不常用的样式是没必要保留的，在删除样式时系统内置的样式是不能被删除的，只有用户自己创建的样式才可以被删除。删除样式的具体操作步骤如下。

Step 01 单击"开始"选项卡下的"样式"组中右下角的"对话框启动器"按钮，打开"样式"任务窗格。

Step 02 在"样式"任务窗格的列表中选中要删除的样式，单击鼠标右键，在下拉菜单中选择"删除"命令，如图5-42所示。

Step 03 在出现的警告对话框中，单击"是"按钮，选中的样式将从样式列表中删除。

动手做3　插入批注

作者或审阅者可以在文档中添加批注，对文档的内容进行注释。批注不显示在正文中，它显示在文档的页边距处或"审阅窗格"中的气球上。

在Word 2010中插入批注非常简单，基本操作方法如下。

Step 01 在文档中选中要插入批注的文本，或将鼠标定位在要插入批注文本的后面。

Step 02 在"审阅"选项卡的"批注"组中单击"新建批注"，即可在选中的文本后面出现一个批注框。

Step 03 在批注框中输入要批注的内容，如图5-43所示。

如果用户觉得审阅者对文档添加的注释内容不合适还可以对批注进行修改，具体操作方法如下。

Step 01 如果在屏幕上看不到批注，在"审阅"选项卡的"修订"组中单击"显示标记"按钮在下拉菜单中选中"批注"，在屏幕上显示批注。

Step 02 在批注框中单击需要编辑的批注。

Step 03 对批注文本进行适当修改。

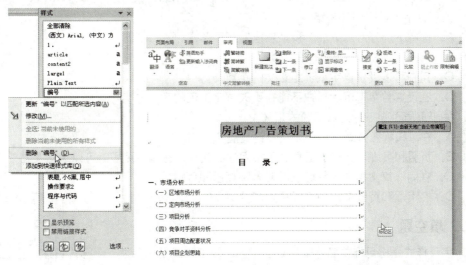

图5-42　删除样式　　　　　图5-43　在文档中插入的批注

如果用户觉得审阅者在文档中插入的批注是多余的，可以将其删除。用户可以删除单个批注也可以一次删除所有批注。

用户如果要快速删除单个批注，选中要删除的批注，然后在"审阅"选项卡的"批注"组中单击"删除"右侧的下三角箭头，打开一个下拉列表，如图5-44所示。在下拉列表中选择删除则删除当前批注，如果选择"删除文档中所有的批注"则删除所有批注。

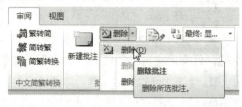

图5-44　删除文档中的批注

课后练习与指导

一、选择题

1. 在（　　）选项卡下用户可以为文本插入脚注。
   A．引用　　　　B．脚注和尾注　　　　C．视图　　　　D．页面布局
2. 关于样式下列说法正确的是（　　）。
   A．样式分为字符样式和段落样式
   B．用户可以删除样式列表中的所有样式
   C．用户可以创建新的样式
   D．用户可以对样式列表中的所有样式进行修改
3. 关于文档中的目录下列说法正确的是（　　）。
   A．只用在文档中应用了一些标题样式才能在文档中提取出目录
   B．在Word 2010中内置了几种目录样式
   C．目录被转换为普通文本后不能在进行更新
   D．在提取目录时用户还可以对每一个级别的目录样式进行修改
4. 按（　　）组合键可以打开"查找和替换"对话框。
   A．Ctrl+G　　　B．Ctrl+F　　　C．Ctrl+H　　　D．Ctrl+D
5. 关于首字下沉下列说法错误的是（　　）。
   A．首字下沉分为"下沉"和"悬挂"两种形式
   B．用户可以设置首字下沉的行数
   C．用户可以设置首字下沉距正文的距离
   D．在设置首字下沉后用户不能在更改首字下沉的字体与字号
6. 关于页眉页脚下列说法正确的是（　　）。
   A．在草稿视图方式下用户无法看到页眉和页脚
   B．页眉和页脚与文档的正文处于相同的层次上，在编辑页眉时可以编辑文档的正文
   C．在同一篇文档中用户可以设置多种页眉和页脚
   D．在页眉和页脚中用户可以插入图片

二、填空题

1. 字符样式是指用样式名称来标识_____，段落样式是指用某一个样式名称_____。
2. 在"开始"选项卡下_____组中的"样式"列表中用户可以设置样式。
3. 所谓"样式基准"，就是_____，"后继段落样式"就是应用该段落样式后面的段落_____。
4. 注释由两部分组成：_____和_____。注释一般分为脚注和尾注，一般

情况下脚注出现在_____，尾注出现在_____。

5．编制目录后，可以利用它按住_____键单击鼠标，即可跳转到文档中的相应标题。

6．在_____选项卡的_____组中单击"新建批注"，即可插入批注。

7．单击_____选项卡下_____组中的"分栏"按钮，可以将文档分栏。

8．单击_____选项卡下_____组中的"页眉"按钮，进入页眉和页脚编辑模式。

三、简答题

1．如何创建一个新的样式？

2．如何更新提取目录？

3．如何查找长文档中的某个文本？

4．如何删除创建的样式？

5．怎样创建奇数页和偶数页不同的页眉和页脚？

6．如何快速打印文档？

7．如何设置分栏排版？

8．如何设置首字下沉？

四、实践题

编排文档的页面效果如图5-45所示。

1．将正文第一段文本设置为"三栏"格式，"栏宽"相等，加"分隔线"。

2．设置正文第一段首字下沉，下沉字体为"楷体"，下沉行数为"2"。

3．在文档中插入艺术字，艺术字样式为"第六行第二列"，设置艺术字的文字环绕方式为"嵌入型"。

4．在文档中插入图片文件"案例与素材\模块五\素材\岩浆"，设置图片的文字环绕方式为"紧密型"。

5．为第一段中的文本"模拟"插入尾注"模仿、仿效"。

6．按样文设置页眉和页脚，在页眉左侧录入"科普知识"，在右侧插入页码。

素材位置：案例与素材\模块五\素材\岩浆发电（初始）。

效果图位置：案例与素材\模块五\源文件\岩浆发电。

图5-45　岩浆发电文档的最终效果

模块 06 邮件合并——制作参赛证

Word 2010、Excel 2010、PowerPoint 2010案例教程

你知道吗？

在文字信息处理实际工作中，经常会遇到这样的情况：处理大量日常报表、信件以及邀请函，尤其是各类学校一年一度的新生录取通知书。这些报表、信件和录取通知书，其主要内容又基本相同，只是具体数据有所变化。为了减少重复工作，提高办公效率，我们可以利用 Word 2010 提供的"邮件合并"功能，定能收到意想不到的效果。

应用场景

人们平常所见的邀请函、录用函等文档，如图6-1所示，这些都可以利用 Word 2010 软件的邮件合并功能来制作。

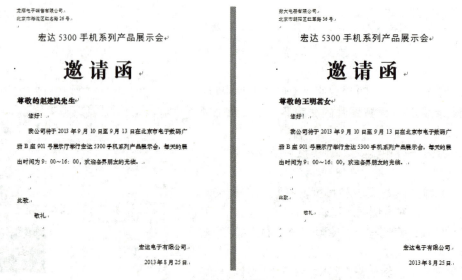

图6-1 邀请函

某省环保系统要举办环境监察业务技能大比武活动，根据活动要求参加的人员进入现场时必须佩戴准考证——参赛证，参赛证上要标出姓名、单位而且还有照片。由于参赛人数多达500人，如果手工实现，不仅费时费力，还不能保证证件信息的准确和统一。借助于Word提供的邮件合并功能结合Excel，可以方便快捷的实现证件制作的自动化，充分体现了科学技术是第一生产力。

为了方便发放参赛证，特利用 Word 2010 的邮件合并功能制作了如图6-2所示的参赛证。请读者根据本模块所介绍的知识和技能，完成这一工作任务。

图6-2 参赛证

相关文件模板

利用Word 2010软件的邮件合并功能，还可以完成商务邀请函、学校邀请函、面试通知单、录用函等工作任务。为方便读者，本书在配套的资料包中提供了部分常用的文件模板，具体文件路径如图6-3所示。

图6-3 应用文件模板

背景知识

证件的种类繁多，五花八门，有身份证、驾驶证、记者证、警官证、导游证、准考证、出入证等，一般的证件只有合法的发证机关才有资格核发，本章讨论的证件，主要是指在单位内部用于进行身份鉴别的证件。例如，单位的出入证、某项赛事的参赛证、某项考试的准考证等。

内部证件的必备元素：内部证件需要标明证件的名称、持证人的姓名、单位，一般还要有持证人的照片，参赛证、准考证则要标明是什么赛事，考试的时间、地点等。

内部证件的尺寸：证件一般都是纸质材质，为便于保存，一般都随证件配发证件袋，常见的证件袋都有固定的尺寸，一般都是7cm×15cm规格的，因此要配证件袋的话，制作证件时要特别注意尺寸的问题。

内部证件的防伪：证件主要用于身份鉴别，所以制作时一定要注意加入一定的防伪手段，一般采用加入水印的方式，在证件背景上打上发证单位的名称的水印，对防伪要求不高的证件，在证件设计时，也可采用渐变色进行防伪。

设计思路

在制作庆典邀请函的过程中，首先要创建主控文档，然后创建数据源、插入合并域，最后合并输出文档，制作庆典邀请函的基本步骤可分解为：

Step 01 制作主文档；

Step 02 创建数据源；

Step 03 插入合并字段；

Step 04 合并文档。

项目任务6-1 邮件合并概述

邮件合并思想是首先建立两个文档：一个主文档，它包括报表、信件或录取通知书共有的内容；另一个是数据源，它包含需要变化的信息，如姓名、地址等。然后利用Word提供的邮件合并功能，即在主文档中需要加入变化的信息的地方插入称为合并域的特殊指令，指示Word在何处打印数据源中的信息，以便将两者结合起来。这样Word便能够从数据源中将相应的信息插入到主文档中。

关于邮件合并过程中的基本概念如下。

- 主文档：所谓主文档，就是所含文本和图形对合并文档的每个版本都相同的文档，即信件的内容和所含的域码（file code）。这是每一封信都需要的内容。在建立主文档前要先建立数据源，然后才能完成主文档。
- 数据源：数据源是一个信息目录，如所有收信人的姓名和地址，它的存在使得主文档具有收信人个人信息。数据源可以是已经存在的，如数据库、电子通讯簿等，也可以是新建的数据源。创建数据源主要是建立数据表格。一般第一行是域名。所谓域，就是插入主文档的不同信息，如域可以是姓名、地址、地区、电话等。每个域都有一个域名，这个域的内容是在这个域名所在的列中。Word数据源中预先设定了可供使用的域，用户也可以自定义域。
- 合并文档：只有当两个文档都建成以后，才可以进行合并。Word将生成一个大的文档，按照数据源中的记录，每一条记录生成一封有收信人个人信息的信件。这个最终生成的文档可以打印，也可以保存。

项目任务6-2 创建主文档

主文档可以是信函、信封、标签、电子邮件或其他格式的文档，在主文档中除了包括那些固定的信息外还包括一些合并的域。

用户可以创建一个新文档作为信函主文档，另外用户也可以将一个已有的文档转换成信函主文档。这里用户创建一个新文档作为参赛证的主控文档，具体操作方法如下。

Step 01 创建一个新的Word文档，在功能区单击"邮件"选项卡，在"开始邮件合并"组中单击"开始邮件合并"选项打开一个下拉列表，如图6-4所示。

Step 02 用户可以直接单击"信函"即可以当前文档创建一个信函文档。

Step 03 在功能区单击"页面布局"选项卡，在"页面设置"组中单击"纸张大小"按钮，在列表中选择"16开"。

Step 04 在"页面设置"组中单击"纸张方向"按钮，在列表中选择"横向"。

Step 05 在"页面设置"组中单击"分栏"按钮，在列表中选择"两栏"。

Step 06 在功能区单击"插入"选项卡，在"插图"组中单击"图片"按钮，打开"插入图片"对话框，在对话框中选择图片，单击"插入"按钮，将图片插入到文档中。

Step 07 在图片上单击鼠标左键选中图片，切换到"格式"选项卡，在"排列"组中单击"自动换行"按钮,在列表中选择"衬于文字下方"选项。

Step 08 按照相同的方法再在文档中插入同一个图片,并设置为"衬于文字下方",然后在文档中利用文本框插入两个表格并利用文本框输入相应文本,如图6-5所示。

图6-4 选择主文档类型

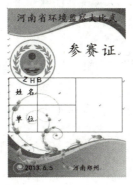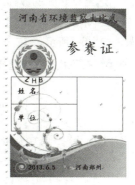

图6-5 设置信函主文档

> **提示**
>
> 用户也可以在"开始邮件合并"下拉列表中单击"邮件合并分步向导"显示出"邮件合并"任务窗格。在"选择文档类型"区域选中"信函"单选按钮,单击"下一步:正在启动文档"进入邮件合并第二步,然后在"想要如何设置信函"区域选中"使用当前文档"单选按钮,如图6-6所示。

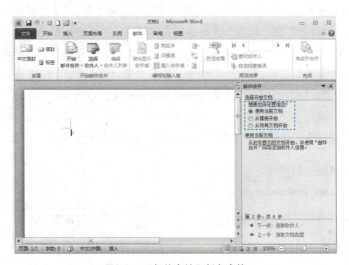

图6-6 "邮件合并"任务窗格

项目任务6-3 创建数据源

主文档信函创建好后,还需要明确被邀请的人员姓名等信息,在邮件合并操作中这些信息以数据源的形式存在。

用户可以使用多种类型的数据源。例如,Microsoft Word表格、Outlook联系人列表、

Excel工作表、Access数据库和文本文件等。

　　如果在计算机中不存在进行邮件合并操作的数据源，可以创建新的数据源。如果在计算机上存在要使用的数据源，可以在邮件合并的过程中直接打开数据源。

　　这里创建新的数据源，具体操作步骤如下。

Step 01 单击"邮件"选项卡下"开始邮件合并"组中的"选择收件人"按钮，打开一个下拉列表，如图6-7所示。

Step 02 在下拉列表中选择"键入新列表"选项，打开"新建地址列表"对话框，如图6-8所示。

　　图6-7　创建数据源　　　　　　　　图6-8　"新建地址列表"对话框

Step 03 单击"新建地址列表"对话框中的"自定义列"按钮，打开"自定义地址列表"对话框，在对话框中可以进行字段名的添加、删除、重命名等操作。

Step 04 单击"添加"按钮，打开"添加域"对话框，输入"姓名"文本，单击"确定"即可将"姓名"加入到字段名中，如图6-9所示。

Step 05 选中"公司名称"字段，单击"重命名"按钮，打开"重命名"对话框，输入"单位"，单击"确定"按钮。按照相同的方法在创建"姓名1"和"单位1"两个字段名称。

Step 06 依次选中除"姓名"和"单位"之外的所有字段，单击"删除"按钮。

Step 07 单击"上移"、"下移"按钮，使字段按照"姓名"、"单位"、"姓名1"、"单位1的顺序排列"，单击"确定"按钮。

Step 08 将鼠标定位在字段名"姓名"下的文本框中进行编辑，每输完一个字段，按下"Tab"键即可输入下一个字段，每行输入完最后一个字段后，按下"Tab"键会自动增加一个记录，用户也可单击"新建条目"按钮来新建记录，单击"删除条目"按钮来删除某条记录，如图6-10所示。

　　图6-9　添加自定义字段　　　　　　图6-10　输入字段信息的效果

Step 09 当数据录入完毕后，单击"确定"按钮，打开"保存通讯录"对话框，这里建议将数据源保存在"案例与素材\模块六\源文件"文件夹中，输入保存文件名"参赛人员名单"如图6-11所示。

Step 10 单击"确定"按钮。

提示

用户也可以在"邮件合并"任务窗格中进入第三步,如图6-12所示。在任务窗格中选中"键入新列表"选项,然后单击"创建"按钮,也可打开"新建地址列表"对话框。

图6-11 "保存通讯录"对话框　　图6-12 "邮件合并"任务窗格第三步

项目任务6-4 插入合并字段

主文档和数据源创建成功后,就可以进行合并操作了,不过在进行主文档和数据源的合并前还应在主文档中插入合并域。在邀请函主文档中插入合并域的具体操作步骤如下。

Step 01 将鼠标定位在要插入合并域的位置,这里定位在第一个表格"姓名"后面的单元格中。

Step 02 单击"邮件"选项卡下"编辑和插入域"组中的"插入合并域"按钮,打开一个下拉列表,如图6-13所示。

Step 03 在下拉列表中单击"姓名"字段,则在文档中插入"姓名"合并字段,效果如图6-13所示。

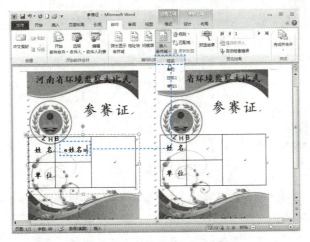

图6-13 插入"姓名"字段后的效果

Step 04 按照相同的方法在第一个表格的"单位"后面的单元格中插入"单位"合并字段，在第二个表格的"姓名"后面的单元格中插入"姓名1"合并字段，在第二个表格的"单位"后面的单元格中插入"单位1"合并字段，如图6-14所示。

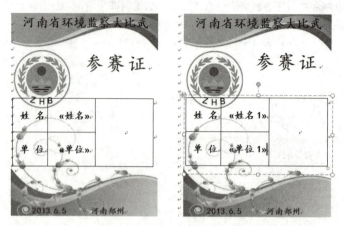

图6-14 插入相应的合并字段

Step 05 将插入点定位在参赛证第一个表格最后的单元格中，在功能选项区单击"插入"选项卡，在"文本"组中单击"文档部件"，如图6-15所示。

图6-15 文档部件列表

Step 06 单击"域"则打开"域"对话框，如图6-16所示。

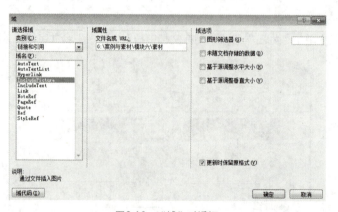

图6-16 "域"对话框

Step 07 在"类别"中选择"链接和引用"，在"域名"列表中选择"IncludePicture"，在"文件名或URL"中输入"G:\案例与素材\模块六\素材"，单击"确定"按钮。

Step 08 按"Shift+F9"组合键，则在文档中显示出插入的域代码，如图6-17所示。

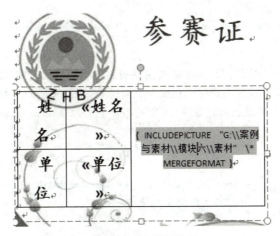

图6-17 插入的域代码

Step 09 将鼠标定位在照片的后面,然后输入"\\"并在后面插入"姓名"合并域,然后在"姓名"合并域的后面输入".jpg",删除代码"* MERGEFORMAT"。

Step 10 按照相同的方法设置第二栏姓名后面的单元格,如图6-18所示。

图6-18 完整的域代码

提示

用户也可以在"邮件合并"任务窗格中进入第四步,如图6-19所示。将鼠标定位在要插入域的位置,在任务窗格中单击"其他项目"按钮。打开"插入合并域"对话框,如图6-20所示。在"域"列表中选中要插入的域,然后单击"插入"按钮。

图6-19 "邮件合并"任务窗格第四步　　　　图6-20 "插入合并域"对话框

教你一招

在使用INCLUDEPICTURE域时用户可以使用绝对路径也可以使用相对路径，上面所介绍的INCLUDEPICTURE "G:\\案例与素材\\模块六\\素材\\姓名.jpg"是绝对路径，用户还可以使用INCLUDEPICTURE "照片\\姓名.jpg"这种相对路径，文件保存后则会从文档所在的文件夹下去找对应文件。

项目任务6-5 合并文档

合并文档是邮件合并的最后一步。如果对预览的结果满意，就可以进行邮件合并的操作了。用户可以将文档合并到打印机上，也可以合并成一个新的文档，以Word文件的形式保存下来，供以后打印。

在合并文档时可以直接将文档合并到新文档中，这里将创建的邀请函主文档合并到一个新的文档，具体操作步骤如下。

Step 01 单击"邮件"选项卡下"完成"组中的"完成并合并"按钮，打开一个下拉列表，如图6-21所示。

Step 02 在下拉列表中选择"编辑单个文档"选项，打开"合并到新文档"对话框，如图6-22所示。

图6-21 合并文档方式

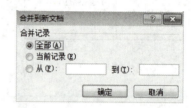
图6-22 "合并到新文档"对话框

Step 03 在"合并记录"区域选择合并的范围，如果选择"全部"选项则合并全部的记录；如果选择"当前记录"则只合并当前的记录；还可以选择具体某几个记录进行合并；这里选择"全部"单选按钮。

Step 04 单击"确定"按钮，则主文档将于数据源合并，并建立一个新的文档，合并结果如图6-23所示。

图6-23 将信函主文档合并到新文档后的效果

Step 05 单击"文件"选项卡下的"另存为"选项,打开"另存为"对话框,在对话框中设置文档的保存位置和文件名,单击"保存"按钮。

提示

用户也可以在"邮件合并"任务窗格中进入第六步,如图6-24所示。在任务窗格中单击"编辑单个信函"按钮,打开"合并到新文档"对话框。

图6-24 "邮件合并"任务窗格第六步

注意

在合并文档后,用户可能会发现某些照片没有和相应的人名对应,此时用户可以选中照片,然后按"F9"键刷新域即可。

项目拓展——制作练车通知书

由于驾校的学员比较多,因此学员练车需要驾校统一来安排,并事先通知学员。在通知学员时有时使用电话通知,有时也下发练车通知单。在下发练车通知单时若要人工填写,则十分麻烦,然而利用Word 2010的邮件合并功能,即可轻松完成。利用邮件合并功能制作"练车通知",效果如图6-25所示。

练车通知

___周军___ 先生 :
 本校定于_____2013年5月10日_____进行科目二考试,为了保证各位学员能够及时领取驾驶证,请于_____2013年4月21日_____来本校练车。

练车通知

___袁旗___ 女士 :
 本校定于_____2013年5月12日_____进行科目二考试,为了保证各位学员能够及时领取驾驶证,请于_____2013年4月22日_____来本校练车。

图6-25 练车通知单

设计思路

在制作成练车通知书过程中,首先要打开已有数据源,然后在插入合并字段,最后执行打印合并文档的操作,制作练车通知书的基本步骤可分解为:
Step 01 打开数据源;
Step 02 插入合并字段;
Step 03 打印合并文档。

动手做1　打开数据源

制作练车通知书的具体步骤如下：

Step 01　打开存放在"案例与素材\模块六\素材"文件夹中名称为"练车通知"的文件，如图6-26所示。

Step 02　单击"邮件"选项卡下"开始邮件合并"组中的"选择收件人"按钮，打开一个下拉列表。

Step 03　在下拉列表中选择"使用现有列表"按钮，打开"选取数据源"对话框，如图6-27所示。

图6-26　练车通知原始文件　　　　图6-27　打开"选取数据源"对话框

Step 04　在对话框中选择"案例与素材\模块六\源文件"文件夹中的"练车名单"数据源，单击"打开"按钮，将数据源打开，这时打开"选择表格"对话框，如图6-28所示。

Step 05　在对话框中选择要打开的表格，然后单击"确定"按钮。

动手做2　插入合并字段

打开数据源后，就可以在主文档中插入合并域。

图6-28　"选择表格"对话框

在练车通知主文档中插入合并域的具体操作步骤如下。

Step 01　将鼠标定位在要插入合并域的位置，这里定位在文档开头的"横线上"。

Step 02　单击"邮件"选项卡下"编辑和插入域"组中的"插入合并域"按钮，打开一个下拉列表。

Step 03　在下拉列表中选择"姓名"字段，则会在文档中插入"姓名"合并字段。按照相同的方法，依次将"考试日期"、"练车日期"字段插入到适当位置，效果如图6-29所示。

Step 04　将鼠标定位在姓名的后面，然后单击"邮件"选项卡下"编辑和插入域"组中的"规则"按钮，打开一个下拉列表，如图6-30所示。

图6-29　插入合并字段效果　　　　图6-30　"规则"下拉菜单

Step 05 在下拉列表中选择如果…那么…否则…选项，打开"插入Word域：IF"对话框，如图6-31所示。在"域名"列表中选择"性别"，在"比较条件"列表中选择"等于"，在"比较对象"文本框中选择"男"，在"则插入文字"文本框中输入"先生"，在"否则插入此文字"文本框中输入"女士"。

Step 06 单击"确定"按钮，则在文档中插入Word域，效果如图6-32所示。

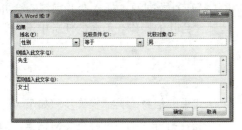

图6-31 "插入Word域：IF"对话框　　　　图6-32 插入Word域的效果

动手做3　预览文档

在文档中插入合并域后，用户还可以对文档进行预览。

单击"邮件"选项卡下"预览结果"组中的"预览结果"按钮，则显示出插入域的效果，如图6-33所示。用户可以单击"下一记录"按钮，继续预览下一个记录。

如果用户在邮件合并任务窗格中的第五步中单击"预览信函"区域中"收件人"的左右箭头也可以在屏幕上对插入域的效果进行预览。在预览时如果发现某个域可以不要，此时在任务窗格的"作出更改区域"单击"排除此收件人"选项将该收件人排除在合并工作之外。

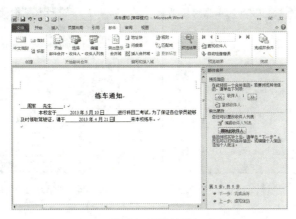

图6-33　预览效果

动手做4　打印合并文档

打印合并文档的具体步骤如下。

Step 01 单击"邮件"选项卡下"完成"组的"完成并合并"按钮，打开一个下拉列表。

Step 02 在下拉菜单中选择"打印文档"按钮，打开"合并到打印机"对话框，如图6-34所示。

Step 03 在"打印记录"区域选择打印记录的范围，这里选择

图6-34 "合并到打印机"对话框

"全部"。

Step 04 单击"确定"按钮,则打开"打印"对话框,单击"确定"按钮,开始打印所有记录。

知识拓展

通过前面的任务主要学习了创建主控文档、创建(打开)数据源、插入合并字域、合并文档、打印合并文档等邮件合并的操作,另外还有一些邮件合并的操作在前面的任务中没有运用到,下面就介绍一下。

动手做1 制作信封文档

有了通知单用户还可以利用邮件合并功能制作一个通知单的信封,具体操作步骤如下。

Step 01 单击"邮件"选项卡下"创建"组中的"信封"按钮,打开"信封和标签"对话框,如图6-35所示。

Step 02 在"收信人地址"文本框中输入收信人的地址,在"寄信人地址"文本框中输入寄信人地址。

Step 03 单击"选项"按钮,打开"信封选项"对话框,如图6-36所示。在"信封尺寸"下拉列表中选择信封尺寸,单击"寄信人地址"区域的"字体"按钮,打开"寄信人地址"对话框,在"寄信人地址"对话框中还可以对寄信人地址的字体进行详细的设置,同样,也可对"收信人地址"进行字体设置。

Step 04 单击"确定"按钮,返回"信封和标签"对话框。单击"添加到文档"按钮,则信封的样式被添加到文档中。

图6-35 "信封和标签"对话框

图6-36 "信封选项"对话框

动手做2 制作标签文档

标签的应用也非常广泛,除了可制作邮件标签之外,还可以制作明信片、名片等。制作标签时用户可以利用邮件合并向导进行制作,另外,如果制作的标签比较简单,例如,不需要插入合并域,可以直接创建标签文档,具体操作步骤如下。

Step 01 创建一个文档,单击"邮件"选项卡下"创建"组中的"标签"按钮,打开"信封和标签"对话框。

Step 02 在地址文本框中输入标签的地址,如图6-37所示。

Step 03 单击"选项"按钮,打开"标签选项"对话框,如图6-38所示。在"产品编号"列表中选择标签类型,单击"确定"按钮,返回"信封和标签"对话框。

Step 04 在"打印"区域选择"全页为相同标签"单选按钮。

Step 05 如果单击"打印"按钮,则可直接开始打印标签,如果单击"新建文档"按钮,则创建一个标签文档。

图6-37 创建标签

图6-38 "标签选项"对话框

动手做3 自动检查错误

逐条地查看预览结果比较麻烦,Word 2010提供了自动检查错误功能。要使用这项功能,只需在"邮件"选项卡的"预览效果"组中单击"自动检查错误"按钮,即可打开一个"检查并报告错误"对话框,选中"模拟合并","同时在新文档中报告错误",单击"确定"按钮,Word 2010会模拟合并并检查错误。

课后练习与指导

一、选择题

1. 下列哪些是主文档的格式?(   )
   A．信封   B．信函   C．标签   D．电子邮件
2. 下列哪些格式的文件可以当邮件合并的数据源?(   )
   A．Microsoft Word表格   B．Outlook联系人列表
   C．Access数据库   D．文本文件
3. 关于创建数据源下列说法正确的是(   )。
   A．在新建数据源时用户可以添加新的字段
   B．在新建数据源时用户可以删除原有的字段
   C．在新建数据源时用户可以重命名字段
   D．在新建数据源时用户可以调整字段先后顺序
4. 关于合并文档下列说法正确的是(   )。
   A．用户可以将合并文档直接打印
   B．用户可以插入域的文档合并成一个新的文档
   C．用户可以将合并到电子邮件中
   D．在创建合并文档后用户还可以创建新的收件人记录

二、填空题

1. 在主文档中除了包括那些固定的信息外还包括一些_____。

2．在"邮件"选项卡下"开始邮件合并"组中的_____下拉列表中可以选择主控文档的形式。

3．在"邮件"选项卡下"开始邮件合并"组中的_____下拉列表中可以选择新建数据源还是使用已有数据源。

4．在"邮件"选项卡下_____组中的_____下拉列表中用户可以插入合并域。

三、简答题

1．如何制作信封文档？

2．如何制作标签文档？

3．邮件合并中有哪些基本概念？

4．创建一个新数据源的大体步骤有哪些？

四、实践题

利用邮件合并功能制作一个如图6-39所示的面试通知文档。

素材位置：案例与素材\模块六\素材\面试通知。

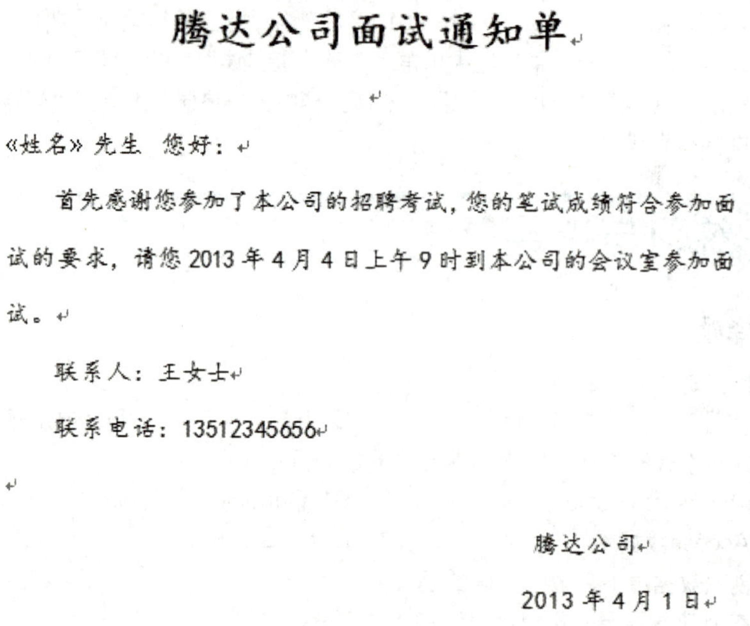

腾达公司面试通知单

《姓名》先生 您好：

　　首先感谢您参加了本公司的招聘考试，您的笔试成绩符合参加面试的要求，请您2013年4月4日上午9时到本公司的会议室参加面试。

　　联系人：王女士

　　联系电话：13512345656

腾达公司
2013年4月1日

图6-39　面试通知

Word 2010、Excel 2010、PowerPoint 2010案例教程

模块 07 Excel 2010的基本操作——制作员工档案表

你知道吗？

Excel 2010是一个优秀的电子表格软件，主要用于电子表格方面的各种应用，可以方便地对数据进行组织、分析，把表格数据用各种统计图形象地表示出来。Excel 2010是以工作表的方式进行数据运算和分析的，因此数据是工作表中重要的组成部分，是显示、操作以及计算的对象。只有在工作表中输入一定的数据，然后才能根据要求完成相应的数据运算和数据分析工作。

应用场景

人们平常所见到的工资表、订货单、办公楼日常维护计划等表格，如图7-1所示，这些都可以利用Excel 2010软件来制作。

图7-1　办公楼日常维护计划

某公司人力资源部为了能了解员工的基本信息，利用Excel 2010制作了一个员工档案电子表格，如图7-2所示。请读者根据本模块所介绍的知识和技能，完成这一工作任务。

河南龙岩纸业股份有限公司员工档案						
序号	姓名	性别	年龄	所属部门	入职时间	身份证号码
001	赵建明	男	35	生产部	2012年9月28日	4127241978081600 30
002	王建国	男	32	生产部	2012年8月29日	4127241981091900 31
003	李丽丽	女	28	生产部	2012年9月30日	4127241985083000 40
004	李健华	男	27	销售部	2012年9月10日	4127241986110800 40
005	万艳丽	女	25	销售部	2012年9月10日	4127241988031801 35

图7-2　员工档案电子表格

相关文件模板

利用Excel 2010软件还可以完成订货单、工资表、值班表、杂志订阅登记表、学生参加课外活动情况统计表等工作任务。为方便读者，本书在配套的资料包中提供了部分常用的文件模板，具体文件路径如图7-3所示。

图7-3 应用文件模板

背景知识

员工档案电子表格一般是对公司员工的基本情况进行了解后所制作的表格，一般包括员工的基本信息、所属部门和职务、身份证号码和联系方式等部分，制作时应对照相关资料进行填写。

设计思路

在制作员工档案表的过程中，首先要创建工作簿并在工作表中输入数据，最后保存工作簿，制作员工档案表的基本步骤可分解为：

Step 01 创建工作簿；
Step 02 输入数据；
Step 03 操作工作表；
Step 04 保存与关闭工作簿。

项目任务7-1 创建工作簿

单击"开始"按钮，打开"开始"菜单，在"开始"菜单中执行"Microsoft Office"→"Microsoft Office Excel 2010"命令，可启动Excel 2010。

启动Excel 2010后的工作界面，如图7-4所示。工作界面主要由标题栏、菜单栏、工具栏、编辑栏、状态栏和工作簿窗口等组成。

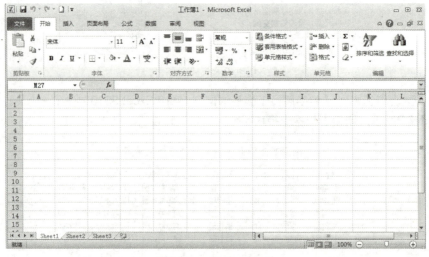

图7-4 Excel 2010窗口

启动Excel 2010以后，系统将自动打开一个默认名为"工作簿1"的新工作簿，除了Excel自动创建的工作簿以外，还可以在任何时候新建工作簿。若创建了多个工作簿，新建的工作簿依次被暂时命名为"工作簿2、工作簿3、工作簿4……"。

在工作簿中一些窗口元素的作用和Word中的类似，如标题栏、快速访问工具栏及功能等，这些窗口元素在这里就不作详细介绍，下面只对编辑栏、状态栏和工作簿窗口进行简单的介绍。

1．编辑栏

编辑栏用来显示活动单元格中的数据或使用的公式，在编辑栏中可以对单元格中的数据进行编辑。编辑栏的左侧是名称框，用来定义单元格或单元格区域的名字，还可以根据名字查找单元格或单元格区域。如果单元格定义了名称则在名称框中显示当前单元格的名字，如果没有定义名字，在名称框中显示活动单元格的地址名称。

在单元格中输入内容时，除了在单元格中显示内容外，还在编辑栏右侧的编辑区中显示。有时单元格的宽度不能显示单元格的全部内容，则通常要在编辑栏的编辑区中编辑内容。把鼠标指针移动到编辑区中时，在需要编辑的地方单击鼠标选择此处作为插入点，可以插入新的内容或者删除插入点左、右的字符。

当插入函数或输入数据时，在编辑栏中会有三个按钮。
- "取消"按钮" ✕ "：单击该按钮取消输入的内容。
- "输入"按钮" ✓ "：单击该按钮确认输入的内容。
- "插入函数"按钮" fx "：单击该按钮执行插入函数的操作。

2．状态栏

状态栏位于窗口的最底部，用来显示当前有关的状态信息。例如，准备输入单元格内容时，在状态栏中会显示"就绪"的字样。

在工作表中如果选中了某几个单元格区域，在状态栏中有时会显示一栏信息，如图7-5所示。这是Excel的自动计算功能。检查数据汇总时，可以不必输入公式或函数，只要选择这些单元格，就会在状态栏的"自动计数"区中显示求和结果及平均值。

如果要计算的是选择数据的平均值、个数、最大值或最小值等，只要在状态栏的"自动计算"区中单击鼠标右键，打开一个快捷菜单，如图7-6所示，选择所需的命令即可。

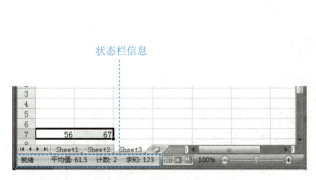

图7-5　状态栏信息

图7-6　更改自动计算方式菜单

3. 单元格

工作簿由若干个工作表组成，工作表又由单元格组成，单元格是Excel工作簿组成的最小单位，在工作表中白色长方格就是单元格，是存储数据的基本单位，在单元格中可以填写数据。

在工作表中单击某个单元格，此单元格边框加粗显示，被称为活动单元格，并且活动单元格的行号和列号突出显示。可向活动单元格内输入数据，这些数据可以是字符串、数字、公式、图形等。单元格可以通过位置标识，每一个单元格均有对应的行号和列标。例如：第C列第7行的单元格表示为C7。

4. 工作表

工作表位于工作簿窗口的中央区域，由行号、列标和网络线构成。工作表也称为电子表格，是Excel完成一项工作的基本单位，是由65536行和256列构成的一个表格，其中行是自上而下按1到65536进行编号，而列号则由左到右采用字母A，B，C……进行编号。

使用工作表可以对数据进行组织和分析，可以同时在多张工作表上输入并编辑数据，并且可以对来自不同工作表的数据进行汇总计算。

工作表的名称显示于工作簿窗口底部的工作表标签上。要从一个工作表切换到另一工作表进行编辑，可以单击工作表标签进行工作表的切换，活动工作表的名称以单下划线显示并呈凹入状态显示。默认的情况下，工作簿由Sheet1、Sheet2、Sheet3这三个工作表组成。工作簿最多可以包括255张工作表和图表，一个工作簿默认的工作表的多少可以根据用户的需要决定。若要创建新的工作表，单击"插入工作表"按钮即可，如图7-7所示。

图7-7 新建工作簿中的工作表

教你一招

在Excel工作环境中如果要创建新的空白工作簿，单击快速访问栏上的"新建"按钮，则自动创建一个新的空白工作簿。单击"文件"选项卡，在下拉菜单中选择"新建"选项，打开"新建"窗口，如图7-8所示。在可用模板列表中双击空白工作簿图标，也可创建新的空白工作簿。当然用户也可以在Office模板中选择模板文件然后利用模板创建工作簿。

图7-8 "新建"窗口

项目任务7-2 在工作表中输入数据

在表格中输入数据是编辑表格的基础，Excel 2010提供了多种数据类型，不同的数据类型在表格中的显示方式是不同的。如果要在指定的单元格中输入数据应首先单击该单元格将其选定，然后输入数据。输入完毕，可按"Enter"键确认，同时当前单元格自动下移。输入完毕后，如果按"Tab"键，则当前单元格自动右移。用户也可以单击"编辑栏"上的"✓"按钮确认输入，此时当前单元格不变。如果单击"编辑栏"上的"✕"按钮则可以取消本次输入。

动手做1　输入字符型数据

在Excel 2010中，字符型数据包括汉字、英文字母、数字、空格以及其他合法的在键盘上能直接输入的符号，字符型数据通常不参与计算。在默认情况下，所有在单元格中的字符型数据均设置为左对齐。

如果要输入中文文本，首先将要输入内容的单元格选中，然后选择一种熟悉的中文输入法直接输入即可。如果用户输入的文字过多，超过单元格的宽度，会产生两种结果。

- 如果右边相邻的单元格中没有数据，则超出的文字会显示在右边相邻的单元格中。
- 如果右边相邻的单元格中含有数据，那么超出单元格的部分不会显示。没有显示的部分在加大列宽或以折行的方式格式化该单元格后，可以看到该单元格中的全部内容。

例如，在新创建的空白工作簿的"Sheet1"工作表的"A3"单元格中输入标题"河南龙岩纸业股份有限公司员工档案"，具体操作步骤如下。

Step 01 用鼠标单击"A4"单元格将其选中。

Step 02 在单元格中直接输入"河南龙岩纸业股份有限公司员工档案"，如图7-9所示。

图7-9　在单元格中输入文本型数据

Step 03 输入完毕，按"Enter"键确认，同时当前单元格自动下移。

Step 04 按照相同的方法在员工档案表中输入其他的文本型数据，输入文本型数据后的最终效果，如图7-10所示。

动手做2　输入数字

Excel 2010中的数字可以是0、1……以及正号、负号、小数点、分数号"/"、百分号"%"、货币符号"￥"等。在默认状态下，系统把单元格中的所有数字设置为右对齐。

若要在单元格中输入正数可以直接在单元格中输入。例如，要输入赵建明的年龄"35"，首先选中"D6"单元格，然后直接输入数字"35"，输入的效果如图7-11所示。

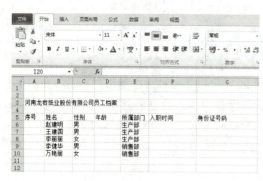
图7-10 输入文本后的效果

图7-11 输入数字型数据

如果要在单元格中输入负数,在数字前加一个负号,或者将数字括在括号内。例如,输入"-50"和"(50)"都可以在单元格中得到"-50"。

输入分数比较麻烦一些,如果要在单元格中输入"1/5",首先选取单元格,然后输入一个数字"0",再输入一个空格,最后输入"1/5",这样表明输入了分数"1/5"。如果不先输入"0"而直接输入"1/5",系统将默认这是日期型数据。

动手做3 输入日期和时间

在单元格中输入一个日期后,Excel 2010会把它转换成一个数,这个数代表了从1900年1月1日起到该天的总天数。尽管不会看到这个数(Excel 2010还是把用户的输入显示为正常日期),但它在日期计算中还是很有用的。在输入时间或日期时必须按照规定的输入方式,在输入日期或时间后,如果Excel 2010认出了输入的是日期或时间,它将以右对齐的方式显示在单元格中。如果没有认出,则把它看成文本,并左对齐显示。

输入日期,应使用"YY/MM/DD"格式,即先输入年份,再输入月份,最后输入日期。例如,2013/7/5。如果在输入时省略了年份,则以当前年份作为默认值。

例如,在员工档案表的"F6"单元格中输入日期"2012年9月28日"。首先选中"F6"单元格,然后输入"2012-9-28",则在"F6"单元格中显示出"2012/9/28",如图7-12所示。

单击"开始"选项卡数字组中单击"数字格式"右侧的箭头,打开数字格式下拉列表,在列表中选择"长日期",则输入的日期格式发生了变化,如图7-13所示。

图7-12 输入日期

图7-13 改变日期格式的效果

如果要在单元格中输入时间,需要使用冒号将小时、分、秒隔开,如"15:51:51"。如果在输入时间后不输入"AM"或"PM",Excel 2010会认为使用的是24小时制。即在输入下午的3:51分时应输入"3:51 PM"或"15:51:00"。必须要记住在时间和"AM或PM"标注之间输入一个空格。

教你一招

如果要在单元格中插入当前日期，可以按"Ctrl+；"组合键。如果在单元格中插入当前时间，可以按"Ctrl+Shift+；"组合键。

动手做4　输入特殊的文本

我们在输入例如员工编号、邮编、电话号码、身份证号码学号等这些纯数字文本时默认情况下Excel会把这些数字认定为数字格式。例如，我们要输入"001"，则输入后Excel会显示为"1"。例如，在"G6"单元格中输入身份证号码"4127241978081600030"，则输入的效果显示如图7-14所示，很显然这不是我们需要的效果。

在这种情况下，我们可以把这些数字以文本的形式输入，首先选中"G6"单元格，单击"开始"选项卡数字组中单击"数字格式"右侧的箭头，打开数字格式下拉列表，在列表中选择"文本"，此时再输入身份证号码"4127241978081600030"，则显示的效果如图7-15所示。

图7-14　输入身份证号的效果　　　　　　图7-15　身份证号码以文本的形式输入

教你一招

如果用户想让输入的纯数字转换为文本，也可以在输入时先输入"'"，然后再输入数字，这样Excel 2010就会把它看作是文本型数据，将它沿单元格左边对齐。

动手做5　自动填充数据

在Excel中输入数据时，有时需要输入一些相同或有规律的数据，如公司名称或序号等，这时就可以使用Excel中提供的快速填充功能来提高工作效率。

例如，用快速填充功能快速输入员工的序号，具体操作步骤如下。

Step 01 首先在"A6"单元格中输入第一位员工的编号"001"。

Step 02 选定"A6"单元格，将鼠标移至单元格的右下角，此时鼠标指针为"✚"形状。

Step 03 按住鼠标左键不放，拖动填充柄到目的区域，则拖过的单元格区域的外围边框显示为虚线，并显示出填充的数据，如图7-16所示。

Step 04 松开鼠标，则被拖过的单元格区域内均填充了一个序列数据，如图7-17所示。

图7-16　拖动填充柄填充数据

图7-17　填充的序列数据

> **提示**
> 如果用户选中的是文本，则在填充时会填充相同的文本。

项目任务7-3　操作工作表

在Excel 2010中，一个工作簿可以包含多张工作表。用户可以根据需要随时插入、删除、移动或复制工作表，还可以给工作表重新命名。

动手做1　重命名工作表

创建新的工作簿后，系统会将工作表自动命名为"Sheet1、Sheet2、Sheet3……"。在实际应用中系统默认的这种命名方式既不便于使用也不便于管理和记忆，因此用户需要给工作表重新命名，从而可以对工作表进行有效的管理。

例如，将员工档案工作表表所在的"Sheet1"工作表重命名，具体步骤如下。

Step 01　单击"Sheet1"工作表标签使其成为当前工作表。

Step 02　在此工作表标签上单击鼠标右键，在打开的快捷菜单中选择"重命名"命令；或在"开始"选项卡下"单元格"组中，单击"格式"按钮，在下拉列表中的"组织工作表"区域选择"重命名工作表"命令。

Step 03　输入工作表的名称"员工档案"，重命名工作表后的效果如图7-18所示。

图7-18　重命名工作表

动手做2　移动和复制工作表

在Excel 2010中用户既可以在同一工作簿中移动或复制工作表,也可以将工作表移动或复制到其他工作簿中。

在移动和复制工作表时,既可以使用鼠标移动,也可使用菜单命令。

使用鼠标移动工作表时首先选定要移动的工作表,在该工作表标签上按住鼠标左键不放,则鼠标所在位置会出现一个"🗋"图标,且在该工作表标签的左上方出现一个黑色倒三角标志。按住鼠标左键不放,在工作表标签间移动鼠标,"白板"和黑色倒三角会随鼠标移动,将鼠标移到目标位置,松开鼠标左键即可。如果要复制工作表,可以先按住"Ctrl"键然后拖动要复制的工作表,首先在目标位置处释放鼠标,然后再松开"Ctrl"键。

利用菜单命令实现工作表在不同的工作簿间移动或复制,具体步骤如下。

Step 01 分别打开目标工作簿和源工作簿,然后在源工作簿中选定要移动的工作表标签。

Step 02 在工作表标签上单击鼠标右键,在打开的快捷菜单中选择"移动或复制"命令,打开"移动或复制工作表"对话框,如图7-19所示。

Step 03 在"将选定工作表移至"区域的"工作簿"下拉列表中选定要移至的工作簿,在"下列选定工作表之前"列表框中选择插入的位置。

图7-19　"移动或复制工作表"对话框

Step 04 单击"确定"按钮即可将工作表移动到目标位置。

要执行复制工作表的操作,只要在"移动或复制工作表"对话框中选中"建立副本"复选框,就可以执行复制工作表的操作。

项目任务7-4　关闭与保存工作簿

在工作簿中输入的数据、编辑的表格均存储在计算机的内存中,当数据输入后必须保存到磁盘上,以便在以后载入、修改、打印等。

动手做1　保存工作簿

员工档案表表完成后,需要保存该工作簿,具体步骤如下。

Step 01 单击快速访问栏上的"保存"按钮,或者按"Ctrl+S"组合键,或者在"文件"选项卡下选择"保存"选项,打开"另存为"对话框,如图7-20所示。

Step 02 选择合适的文件保存位置,这里选择"案例与素材\模块七\源文件"。

Step 03 在"文件名"文本框中输入所要保存文件的文件名。这里输入"员工档案"。

Step 04 设置完毕后,单击"保存"按钮,即可将文件保存到所选的目录下。

图7-20　"另存为"对话框

提示

对于保存过的工作簿进行修改后，若要保存可直接单击“快速访问工具栏”上的“保存”按钮或者按“Ctrl+S”组合键，此时不会打开“另存为”对话框，Excel会以用户第一次保存的位置进行保存，并且将覆盖掉原来工作簿的内容。

动手做2　关闭工作簿

在使用多个工作簿进行工作时，可以将使用完毕的工作簿关闭，这样不但可以节约内存空间，还可以避免打开的文件太多引起混乱。单击标题栏上的“关闭”按钮，或者在“文件”选项卡下选择“关闭”即可将工作簿关闭。如果没有对修改后的工作簿进行保存就执行了关闭命令，系统将打开如图7-21所示的对话框。信息框中提示用户是否对修改后的文件进行保存，单击“是”按钮，保存文件的修改并关闭工作簿；单击“否”则关闭文件而不保存工作簿的修改。当员工档案表制作完成后，不再需要修改，即可单击标题栏上的“关闭”按钮，关闭工作簿即可。

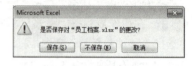

图7-21　提示信息框

项目拓展——制作客户联系表

客户联系表其实就是一个相对复杂一点的电话号码簿，在表中可以记载客户所属的公司名称、地点、公司的联系电话、客户的联系电话以及客户的家庭住址等信息。如图7-22所示就是某公司业务员制作得一个客户联系表，在表中记载了每个客户的联系方式。

客户联系表

联系人	公司名称	手机	电子邮箱	家庭地址
孙　林	河南罗富药业有限公司	15823093456	sunling@126.com	郑州市二七区怀化路18号
付　刚	上海名臣药业有限公司	15934501111	fugang@yahoo.com	上海市浦东区中山路科海大厦D座11号
吴子英	河南达成药业有限公司	15046570999	wuziying@168.com	郑州市管城区文化路36号
田　红	河南海恩药业有限公司	18734507767	tianhong@126.com	郑州市二七东明路东方大厦A座26号
赵子民	上海艾普斯药业有限公司	18700459834	zzm@126.com	上海市浦东区站前路101号
林占国	上海东方药业有限公司	13612092312	linzg@168.com	上海市浦东区中兴路33号

图7-22　客户联系表

设计思路

在制作客户联系表的过程中，主要是应用了修改数据和移动数据的操作，制作作客户联系表的基本步骤可分解为：

Step 01　修改数据；

Step 02　移动数据。

动手做1　修改数据

单元格中的内容输入有误或是不完整时就需要对单元格内容进行修改，当单元格中的一些数据内容不再需要时，用户可以将其删除。

如果单元格中的数据出现错误，用户可以输入新数据覆盖旧数据，单击要被替代的单元格，然后直接输入新的数据即可。若用户并不想用新数据代替旧数据，而只是修改旧数据的内容，则可以使用编辑栏或双击单元格，然后进行修改。

例如，在客户联系表中，因文字错误需将“家庭地址”改为“公司地址”，具体步骤如下。

Step01 单击要修改内容的单元格，这里选中“C3”，此时在编辑栏中显示该单元格中的内容“家庭地址”，如图7-23所示。

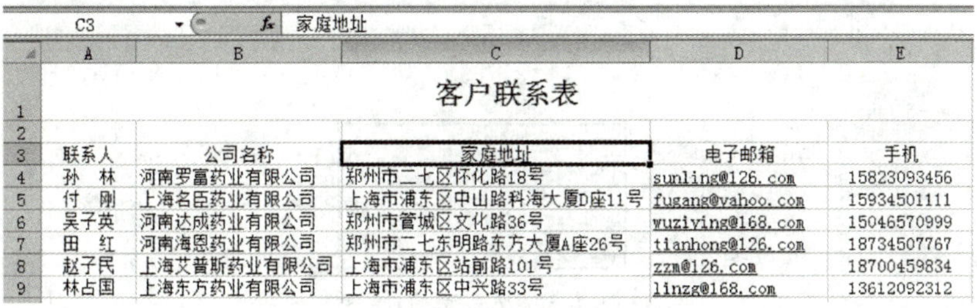

C3 fx 家庭地址

	A	B	C	D	E
1			客户联系表		
2					
3	联系人	公司名称	家庭地址	电子邮箱	手机
4	孙　林	河南罗富药业有限公司	郑州市二七区怀化路18号	sunling@126.com	15823093456
5	付　刚	上海名臣药业有限公司	上海市浦东区中山路科海大厦D座11号	fugang@yahoo.com	15934501111
6	吴子英	河南达成药业有限公司	郑州市管城区文化路36号	wuziying@168.com	15046570999
7	田　红	河南海恩药业有限公司	郑州市二七东明路东方大厦A座26号	tianhong@126.com	18734507767
8	赵子民	上海艾普斯药业有限公司	上海市浦东区站前路101号	zzm@126.com	18700459834
9	林占国	上海东方药业有限公司	上海市浦东区中兴路33号	linzg@168.com	13612092312

图7-23　修改数据（1）

Step02 单击编辑栏，此时在编辑栏中出现闪烁的光标，将“家庭”字改为“公司”。

Step03 输入完毕，单击编辑栏中的“√”按钮确认输入。修改后的效果如图7-24所示。

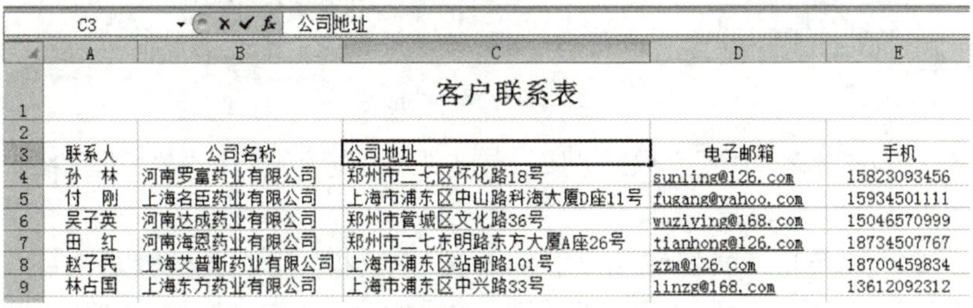

C3 × ✓ fx 公司地址

	A	B	C	D	E
1			客户联系表		
2					
3	联系人	公司名称	公司地址	电子邮箱	手机
4	孙　林	河南罗富药业有限公司	郑州市二七区怀化路18号	sunling@126.com	15823093456
5	付　刚	上海名臣药业有限公司	上海市浦东区中山路科海大厦D座11号	fugang@yahoo.com	15934501111
6	吴子英	河南达成药业有限公司	郑州市管城区文化路36号	wuziying@168.com	15046570999
7	田　红	河南海恩药业有限公司	郑州市二七东明路东方大厦A座26号	tianhong@126.com	18734507767
8	赵子民	上海艾普斯药业有限公司	上海市浦东区站前路101号	zzm@126.com	18700459834
9	林占国	上海东方药业有限公司	上海市浦东区中兴路33号	linzg@168.com	13612092312

图7-24　修改数据（2）

教你一招

用户直接双击要修改数据的单元格，此时在单元格中出现闪烁的光标，这时用户可以直接在单元格中修改部分数据。按“BackSpace”键可以删除光标左侧的字符，按“Delete”键可以删除光标右侧的字符。

动手做2　移动或复制数据

单元格中的数据可以通过移动或复制操作，将数据移动或复制到同一个工作表中的不同位置或其他的工作表中。如果移动或复制的原单元格或单元格区域中含有公式，移动或复制到新的位置时，公式会因单元格区域的变化产生新的计算结果。

移动或者复制的源单元格和目标单元格相距较近时，可以使用操作方法简单快捷的鼠标拖动实现移动和复制数据的操作。

如果移动或者复制的源单元格和目标单元格相距较远，可以利用“开始”选项卡下“剪切板”组中的“复制、剪切”和“粘贴”按钮来复制或移动单元格中的数据。

例如，在客户联系表中，将“公司地址”一列移到最后面，将“手机”一列移到公司名称的后面，具体操作步骤如下。

Step 01 单击"C3"单元格，然后按住鼠标左键不放向下拖动鼠标选定"公司地址"数据区域，如图7-25所示。

Step 02 单击"开始"选项卡下"剪切板"组中的"剪切"按钮。

Step 03 选中"F3"单元格，单击"开始"选项卡下"剪切板"组中的"剪切"按钮，则"家庭地址"区域的数据被移到了新的位置，如图7-26所示。

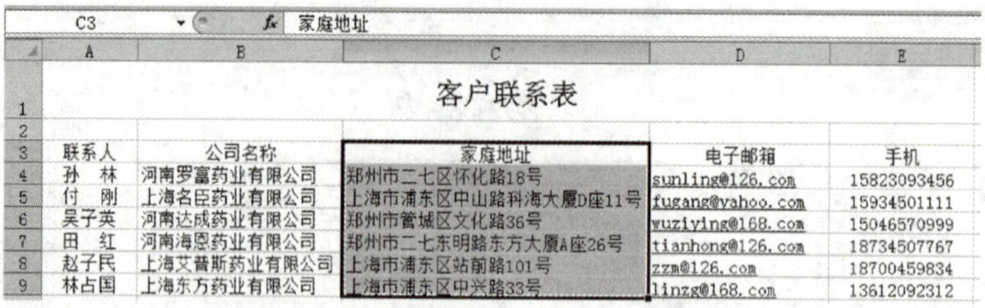

图7-25　拖动选定连续的单元格区域

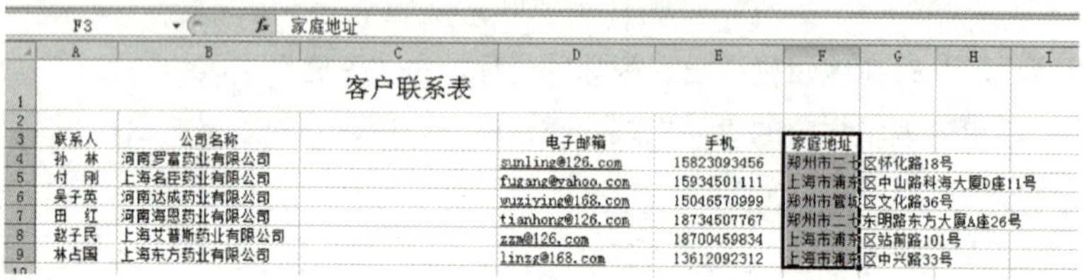

图7-26　移动数据

Step 04 利用鼠标拖动选定"手机"数据区域，单击"开始"选项卡下"剪切板"组中的"复制"按钮。

Step 05 选中"C3"单元格，单击"开始"选项卡下"剪切板"组中的"剪切"按钮，则"手机"区域的数据被复制到了新的位置，如图7-27所示。

图7-27　复制数据

Step 06 选中移动后的"家庭地址"数据区域，将鼠标移到选定区域的边框线上，当鼠标变为" "状时按住左键拖动鼠标到"电子邮箱"后面的"手机"数据区域，如图7-28所示。

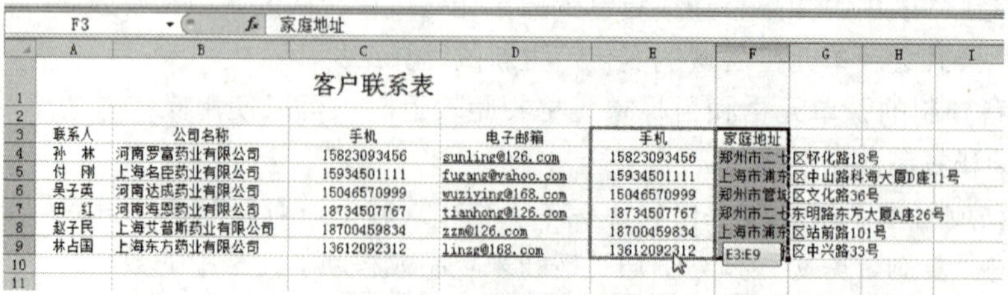

图7-28　利用鼠标拖动数据

Step 07 当到达目的位置后松开鼠标此时会打开"警告"对话框,如图7-29所示。

Step 08 单击"确定"按钮,则目标单元格区域中的数据将被替换,单击"取消"按钮,则取消移动操作。完成数据移动的效果如图7-30所示。

图7-29 "警告"对话框　　　　　图7-30 完成数据移动的最终效果

教你一招

若要实现复制操作。将鼠标移到选定区域的边框线上,当鼠标变为"↖"状时按下"Ctrl"键,此时鼠标变为右上方带加号的箭头形状,按住鼠标左键拖动将执行数据的复制。

提示

在利用鼠标移动数据时,如果目标单元格区域不包含有数据,则不会打开警告对话框,而是直接将数据移动到目标位置。

知识拓展

通过前面的任务主要学习了创建工作簿、输入数据、重命名工作表、保存工作簿等Excel 2010应用的基本操作,另外还有一些Excel 2010应用的基本操作在前面的任务中没有运用到,下面就介绍一下。

※ 动手做1　单元格、行和列的选择

在对单元格或单元格区域的格式设置之前,首先要选中进行格式设置的对象。如果所操作的对象是单个单元格时,只单击需编辑的单元格即可。如果用户所操作的对象是一些单元格的集合时,就需要先选定数据内容所在的单元格区域,然后再进行格式化的操作。

用户可以利用鼠标或键盘选择连续的单元格区域和不连续的单元格区域。在对工作表进行格式化时,经常需要选择某行(列),有时需要选择多行(列)或不连续的行(列)甚至整个工作表。

- 选择列时,将鼠标指针移动到所要选择列的列标上,当鼠标指针变为"↓"状时,单击鼠标左键,则整列被选中。
- 选择多列时,只需将鼠标指针移到某列的列标上,单击鼠标左键不放并拖动,拖动到所要选择的最后一列时松开鼠标左键即可。
- 选择不连续的多列时,可在选定一部分列后,同时按住"Ctrl"键选择其他的列即可。

选择行的方法与选择列的方法类同，只需将鼠标指针移到该行的行号上，当鼠标变成"➡"状时然后单击左键即可将该行选中。

用户单击左上角行标与列标交界处的按钮即可将工作表中的所有单元格选中。

选定单元格区域的具体步骤如下。

Step 01 用鼠标左键单击要选定区域左上角的单元格，此时鼠标指针为"✛"状。

Step 02 按住鼠标左键并拖动鼠标到要选定区域的右下角。

Step 03 松开鼠标左键，选择的区域将出现与底色不同的颜色。其中，只有第一个单元格正常显示，表明它为当前活动的单元格，其他均为蓝色。若选择不正确时，需要取消选择，用鼠标单击工作表中任意单元格，或者按任意方向键。

提示

用户也可以使用键盘选定连续单元格区域，首先选中要选定区域左上角的单元格，然后按下"Shift"键，最后再按键盘上的方向键来选定范围。在利用鼠标选定不连续的单元格区域时只要当选定第一个区域后，按住"Ctrl"键再选定其他区域。

❖ 动手做2　选择性粘贴

在进行单元格或单元格区域复制操作时，有时只需要复制其中的特定内容而不是所有内容时，可以使用"选择性粘贴"命令来完成，具体步骤如下。

Step 01 选中需要复制数据的单元格区域。

Step 02 单击"开始"选项卡下"剪贴板"组中的"复制"按钮，或者单击鼠标右键，在弹出的菜单中选择"复制"按钮，在选中的单元格区域周围出现闪烁的边框。

Step 03 选择要复制目标区域中的左上角的单元格，"开始"选项卡下的"剪贴板"组的"粘贴"按钮下侧的下三角按钮，打开一下拉列表。

Step 04 在下拉列表中选择"选择性粘贴"选项，打开"选择性粘贴"对话框，如图7-31所示。

Step 05 在"选择性粘贴"对话框中根据需要选中粘贴方式。

Step 06 单击"确定"按钮。

从"选择性粘贴"对话框中用户可以看到，使用选择性粘贴进行复制可以实现加、减、乘、除运算，或者只复制公式、数值、格式等。

❖ 动手做3　清除单元格内容

如果仅仅想将单元格中的数据清除掉，但还要保留单元格，可以先选中该单元格然后直接按"Delete"键删除单元格中的内容。此外还可以利用清除命令，对单元格中的不同内容进行清除。

首先选中要清除内容的单元格或单元格区域，单击"开始"选项卡下"编辑"组中的"清除"按钮，打开一个下拉列表，如图7-32所示。可以根据需要选择相应的选项来完成操作，下拉列表中各选项的功能说明如下。

● 全部清除：选择该命令将清除单元格中的所有内容，包括格式、内容、批注等。

● 清除格式：选择该命令只清除单元格的格式，单元格中其他的内容不被清除。

- 清除内容：选择该命令可以只清除单元格的内容，单元格中的格式、批注等不被清除。
- 清除批注：选择该命令只清除单元格的批注。

图7-31 "选择性粘贴"对话框

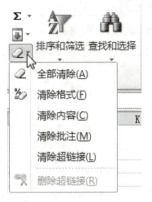

图7-32 清除下拉列表

课后练习与指导

一、选择题

1. 在单元格中输入数据后，如果按"Enter"键确认，则当前单元格（　　）。
   A. 自动下移　B. 不变　　　　　　C. 自动右移　　　D. 自动左移
2. 如果要在单元格中插入当前日期，可以按（　　）组合键。
   A. Ctrl+;　　B. Ctrl+Shift+;　　C. Shift +;　　　D. Ctrl+Alt +;
3. 关于移动或复制数据下列说法正确的是（　　）。
   A. 在复制数据时用户可以只复制单元格的批注
   B. 在使用鼠标拖动移动数据时，如果目标单元格有数据，则会出现提示对话框
   C. 在利用鼠标拖动移动数据时，如果按住"Ctrl"键则执行复制操作
   D. 在使用命令移动数据时，如果目标单元格有数据，则会出现提示对话框
4. 关于数据的输入下列说法正确的是（　　）。
   A. 如果要在单元格中输入负数，应将将数字括在括号内并在括号前加一个负号
   B. 直接输入1 / 5，系统将默认这是日期型数据
   C. 在单元格中不能输入分数只能输入小数
   D. 用户可以将纯数字当做文本数据输入
5. 关于工作表下列说法正确的是（　　）。
   A. 工作簿可以包括任意多的工作表和图表
   B. 默认的情况下，工作簿由三个工作表组成，用户可以创建新的工作表
   C. 用户只能对新建的工作表重命名，无法重命名系统内置的工作表
   D. 工作表只能在当前工作簿中移动
6. 鼠标指针移动到某一列的上方，当指针变（　　）时，单击可选定该列。
   A. 白色的下箭头　　　　　　　　B. 白色的斜箭头
   C. 黑色的下箭头　　　　　　　　D. 黑色的斜箭头

二、填空题

1. 第C列第5行的单元格表示为_____。
2. 工作表是由_____行和_____列构成的一个表格，行是自上而下按_____进行编号，而列号则由左到右采用_____进行编号。
3. 在默认情况下，字符型数据设置为_____对齐，日期型数据设置为_____对齐，数字设置为_____对齐。
4. 输入日期，应先输入_____，再输入_____，最后输入_____。
5. 在单元格中插入当前时间，可以按_____组合键。
6. 按_____组合键，可执行保存的操作。
7. 当插入函数或输入数据时，在编辑栏中会显示_____、_____和_____三个按钮。
8. 启动Excel 2010以后，系统将自动打开一个默认名为_____的新工作簿，而工作簿中工作表默认名称为_____。

三、简答题

1. 在单元格中输入数据后，如果数据的长度超过单元格的宽度，将会出现哪些情况？
2. 修改单元格中的数据有哪些方法？
3. 用户可以对单元格中的哪些内容进行清除？
4. 在工作表中移动数据有哪些方法？
5. 如何在不同的工作簿之间移动工作表？
6. 在什么情况下可以使用工作表的自动填充功能来快速输入数据？

四、实践题

制作一个如图7-33所示的收费登记表。
1. 按照效果图输入相关数据。
2. 序号和票据号码两列数字为文本型数据，缴纳日期中的日期为长日期格式。
3. 利用快速填充功能填充序号一列数据，利用快速填充功能填充缴纳金额一列数据。
4. 利用复制数据的方法，复制缴纳日期一列数据。

效果位置：案例与素材\模块七\源文件\收费登记表。

序号	缴纳日期	受理编号	票据号码	缴纳金额（元）	缴费单位名称
			收费登记表		
001	2013年9月6日	11-2013-2856	0001751	5000	银基新型建材有限公司
002	2013年9月6日	11-2013-2862	0001757	5000	一建公司
003	2013年9月6日	11-2013-2868	0001854	5000	泰宏新型建材公司
004	2013年9月6日	11-2013-2909	0001759	5000	宏泰建筑工程有限公司
005	2013年9月6日	11-2013-2869	0001855	5000	海天浴都
006	2013年9月6日	11-2013-2870	0001856	5000	大众浴池
007	2013年9月6日	11-2013-2910	0001776	5000	宗胜新型建材有限公司
008	2013年9月6日	11-2013-2912	0001777	5000	二建公司
009	2013年9月6日	11-2013-2913	0001778	5000	三建公司
010	2013年9月6日	11-2013-2914	0001876	5000	龙源纸业股份有限公司
011	2013年9月6日	11-2013-2915	0001877	5000	罗福药业有限公司
012	2013年9月6日	11-2013-2916	0001878	5000	昕洲化工有限公司
013	2013年9月6日	11-2013-2934	0001771	5000	教师公寓（李良）
014	2013年9月6日	11-2013-2938	0001781	5000	长兴新型建材有限公司

图7-33 收费登记表

Word 2010、Excel 2010、PowerPoint 2010案例教程

模块 08 工作表的修饰——制作公司办公用品领用表

你知道吗？

Excel 2010提供了丰富的格式化命令，可以设置单元格格式，格式化工作表中的字体格式，改变工作表中的行高和列宽，为表格设置边框，为单元格设置底纹颜色等。

应用场景

人们平常所见到的工资变动表、差旅费报销单等表格，如图8-1所示，这些都可以利用Excel 2010软件来制作。

图8-1 差旅费报销单

某公司为加强管理，减少费用支出，提高办公用品的利用率，规定领取办公用品时，领取人须在办公用品领用登记表上写明日期、领取物品名称及规格、数量、用途等项并签字。

图8-2所示就是利用Excel 2010制作的办公用品领用登记表，请读者根据本模块所介绍的知识和技能，完成这一工作任务。

办公用品领用登记表

领用日期	部门	领用物品	数量	单价	价值	领用原因	备注	领用人签字
2013/9/1	市场部	工作服	5	¥130.00	¥650.00	新进员工	正式员工	李宏
2013/9/5	行政部	资料册	5	¥10.00	¥50.00	工作需要		黄贺阳
2013/9/10	人资部	打印纸	4	¥50.00	¥200.00	工作需要		张岩
2013/9/10	市场部	小灵通	3	¥300.00	¥900.00	新进员工	试用员工	赵惠
2013/9/12	策划部	水彩笔	5	¥20.00	¥100.00	工作需要		贺萧
2013/9/16	企划部	回形针	20	¥2.00	¥40.00	工作需要		董凤
2013/9/17	行政部	水彩笔	10	¥20.00	¥200.00	工作需要		李景然
2013/9/18	市场部	工作服	3	¥130.00	¥390.00	新进员工	正式员工	李培
2013/9/22	财务部	账薄	10	¥10.00	¥100.00	工作需要		吴佳
2013/9/23	运营部	打印纸	2	¥50.00	¥100.00	工作需要		贾珂
2013/9/27	人资部	传真纸	3	¥15.00	¥45.00	工作需要		王源
2013/9/28	行政部	组合式电脑桌	1	¥900.00	¥900.00	更新	经理桌	刘冬
2013/9/28	办公室	打孔机	2	¥25.00	¥50.00	工作需要		李嘉
2013/9/30	服务部	小灵通	2	¥300.00	¥600.00	新进员工	正式员工	郭凤阳
2013/9/30	办公室	工作服	1	¥130.00	¥130.00	工作需要		正式员工	曾勒

图8-2 办公用品领用登记表

相关文件模板

利用Excel 2010软件还可以完成考勤表、发票、考研报名表、通讯录、考试日程安排表、产品保修记录表、个人健康记录表、工资变动表、财务报销单等工作任务。

为方便读者,本书在配套的资料包中提供了部分常用的文件模板,具体文件路径如图8-3所示。

图8-3 应用文件模板

背景知识

办公室用品分为消耗性物品和非消耗性物品,领用时登记在册一来可以掌控耗材的使用情况,控制成本,二来对于物品的领用做到心中有数,特别是非消耗性办公室用品原则不能重复申领、登记。

办公用品作为公司的必须开支在公司的运营费用中占用一定的比例。办公用品虽小,但积少成多,因此办公用品的发放必须有严格的制度规定保障。

设计思路

在制作办公用品领用登记表的过程中,首先要插入或删除行,然后对单元格格式进行设置并调整行高和列宽,最后添加边框和底纹,制作办公用品领用表的基本步骤可分解为:

Step 01 插入、删除行或列;
Step 02 设置单元格格式;
Step 03 调整行高和列宽;
Step 04 添加边框和底纹;
Step 05 添加批注。

项目任务8-1 插入、删除行或列

Excel 2010允许在已经建立的工作表中插入行、列或单元格，这样可以在表格的适当位置填入新的内容。

动手做1 插入行

在编辑工作表时可以在数据区中插入行或列，以便在新行或列中进行数据的插入。

例如，在对办公用品领用表进行编辑时发现在第10行"李培"领用记录的上面少输入了一行"李景然"的办公用品领用记录，此时可以在工作表中插入一行然后填入新的数据，具体操作步骤如下。

Step 01 将鼠标指针移到第10行的行号上，当鼠标变成"➡"状时单击鼠标左键将该行选中，如图8-4所示。

Step 02 在"开始"选项卡的"单元格"选项组中单击"插入"按钮右侧的箭头，打开一个下拉列表，如图8-4所示。

Step 03 单击"插入工作表行"选项，则在选中行的上方插入一个新行，如图8-5所示。

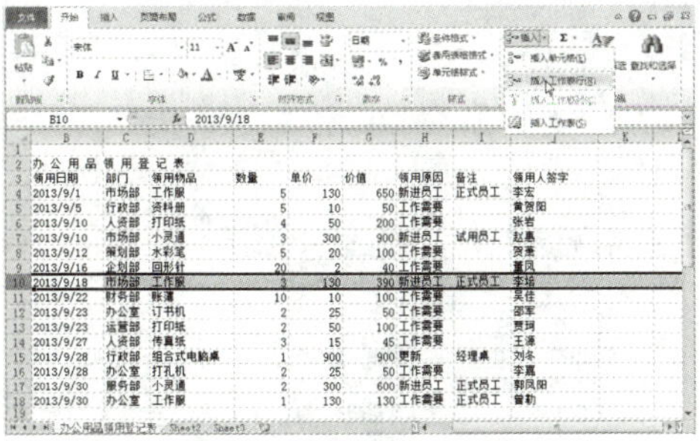

图8-4 插入下拉列表　　　　图8-5 插入行后的效果

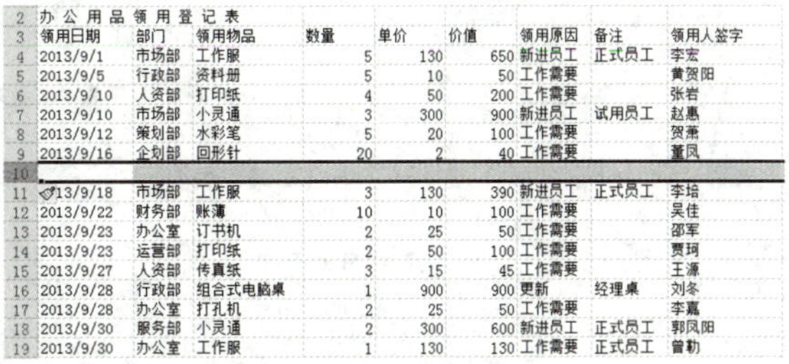

Step 04 在新插入的行中输入"李景然"的办公用品领用记录，如图8-6所示。

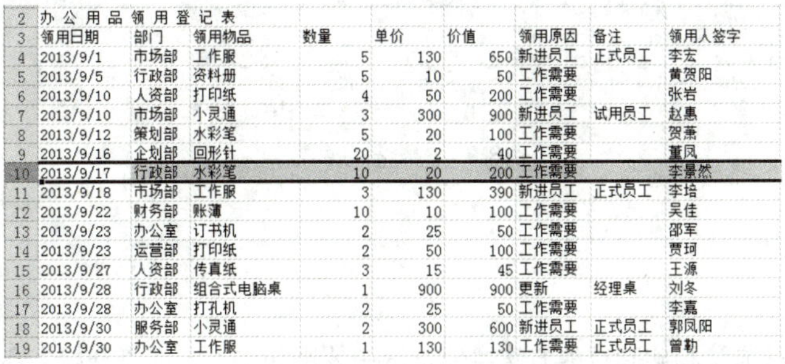

图8-6 在插入的行中输入数据

提示

在工作表中插入列的方法和插入行的方法类似，选中要某一列，在"开始"选项卡的"单元格"选项组中单击"插入"按钮右侧的箭头，在下拉列表中选择"插入工作表列"选项，新插入的列将出现在选定列的左侧。

动手做2 删除行

如果工作表中的某行或某列是多余的可以将其删除。例如，在对公司用品领用表进行编辑时发现在第13行"邵军"员工虽然签过字了但是由于某种原因他当时并没有领取办公用品，这里就可以将该行信息删除，具体操作步骤如下：

Step 01 选中要删除的行，这里选中第13行。

Step 02 在"开始"选项卡的"单元格"选项组中单击"删除"按钮右侧的箭头，打开一个下拉列表，如图8-7所示。

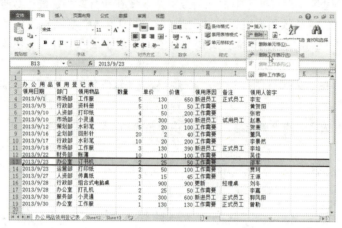

图8-7 删除行或列下拉列表

Step 03 在下拉列表中选择"删除工作表行"命令，即可删除所选的行，如图8-8所示。

图8-8 删除行后的效果

提示

在工作表中删除列的方法和删除行的方法类似，选中要删除的列，在"开始"选项卡"单元格"选项组中单击"删除"按钮右侧的箭头，在下拉列表中选择"删除工作表列"。

项目任务8-2 设置单元格格式

在工作表的单元格中存放的数据类型有多种，用户在设置工作表格式时可以根据单元格中存放数据类型的不同将它们设置为不同的格式。

动手做1 合并单元格

在对单元格中存放的数据类型进行格式化前，需要对一些单元格进行合并，以实现美观大方的表格样式。

对办公用品登记表内容进行单元格合并的具体步骤如下。

Step 01 选中需要合并的单元格，这里选中“B2:J2”。

Step 02 单击“开始”选项卡下“对齐方式”组中的“合并后居中”按钮，办公用品登记表的标题居中显示。设置后的效果如图8-9所示。

动手做2 设置字符格式

默认情况下工作表中的中文为宋体、11磅。了使工作表中的某些数据能够突出显示，也为了使版面整洁美观，通常需要将不同的单元格设置成不同的效果。

这里设置办公用品登记表的标题的字符格式为黑体，字号为18磅，加粗，具体操作步骤如下：

Step 01 选中要设置字符格式的单元格区域，这里选中合并的标题单元格。

Step 02 在“开始”选项卡下“字体”组中“字体”的下拉列表中选择“黑体”。

Step 03 在“开始”选项卡下“字体”组中“字号”的下拉列表中选择“18”。

Step 04 在“字体”组中单击“加粗”按钮，则设置标题文本的效果如图8-10所示。

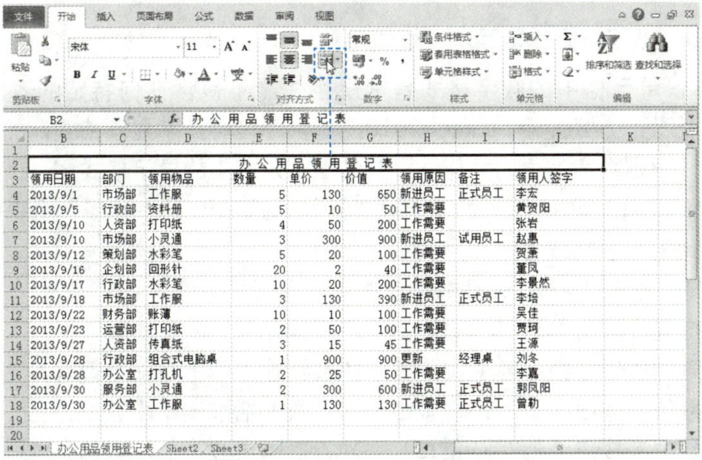

领用日期	部门	领用物品	数量	单价	价值	领用原因	备注	领用人签字
2013/9/1	市场部	工作服	5	130	650	新进员工	正式员工	李宏
2013/9/5	行政部	资料册	5	10	50	工作需要		黄贺阳
2013/9/10	人资部	打印纸	4	50	200	工作需要		张岩
2013/9/10	市场部	小灵通	3	300	900	新进员工	试用员工	赵惠
2013/9/12	策划部	水彩笔	5	20	100	工作需要		贺萧
2013/9/16	企划部	回形针	20	2	40	工作需要		董凤
2013/9/17	行政部	水彩笔	10	20	200	工作需要		李景然
2013/9/18	市场部	工作服	3	130	390	新进员工	正式员工	李培
2013/9/22	财务部	账薄	10	10	100	工作需要		吴佳
2013/9/23	运营部	打印纸	2	50	100	工作需要		贾珂
2013/9/27	人资部	传真纸	3	15	45	工作需要		王源
2013/9/28	行政部	组合式电脑桌	1	900	900	更新	经理桌	刘冬
2013/9/28	办公室	打孔机	2	25	50	工作需要		李嘉
2013/9/30	服务部	小灵通	2	300	600	新进员工	正式员工	郭凤阳
2013/9/30	办公室	工作服	1	130	130	工作需要	正式员工	曾勒

图8-9 标题合并单元格后的效果

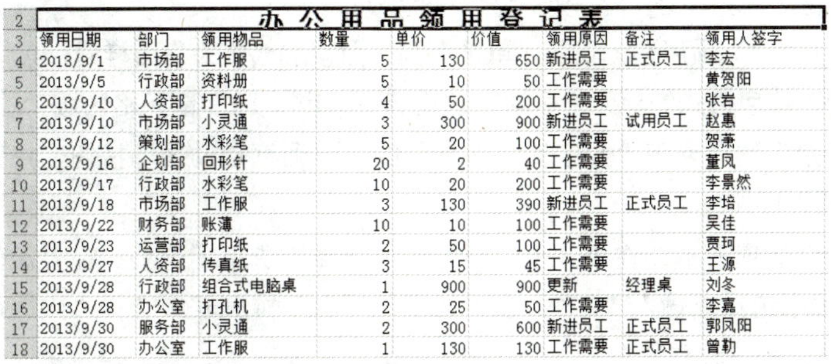

领用日期	部门	领用物品	数量	单价	价值	领用原因	备注	领用人签字
2013/9/1	市场部	工作服	5	130	650	新进员工	正式员工	李宏
2013/9/5	行政部	资料册	5	10	50	工作需要		黄贺阳
2013/9/10	人资部	打印纸	4	50	200	工作需要		张岩
2013/9/10	市场部	小灵通	3	300	900	新进员工	试用员工	赵惠
2013/9/12	策划部	水彩笔	5	20	100	工作需要		贺萧
2013/9/16	企划部	回形针	20	2	40	工作需要		董凤
2013/9/17	行政部	水彩笔	10	20	200	工作需要		李景然
2013/9/18	市场部	工作服	3	130	390	新进员工	正式员工	李培
2013/9/22	财务部	账薄	10	10	100	工作需要		吴佳
2013/9/23	运营部	打印纸	2	50	100	工作需要		贾珂
2013/9/27	人资部	传真纸	3	15	45	工作需要		王源
2013/9/28	行政部	组合式电脑桌	1	900	900	更新	经理桌	刘冬
2013/9/28	办公室	打孔机	2	25	50	工作需要		李嘉
2013/9/30	服务部	小灵通	2	300	600	新进员工	正式员工	郭凤阳
2013/9/30	办公室	工作服	1	130	130	工作需要	正式员工	曾勒

图8-10 设置标题字符后的效果

Step 05 按照上面的方法，设置工作表中其他文本的字体为"黑体"，字号为"12"，设置的最终效果如图8-11所示。

> **教你一招**
>
> 如果用户设置的字体格式复杂也可以利用对话框来设置字符格式，选中要设置数字格式的单元格区域，单击"开始"选项卡下"字体"组右下角的"对话框启动器"按钮，打开"设置单元格格式"对话框，选择"字体"选项卡，如图8-12所示。在对话框中用户可以对字符格式进行详细的设置。

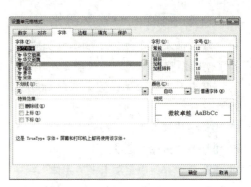

图8-11 设置字符格式后的效果　　　　图8-12 利用对话框设置字符格式

动手做3　设置数字格式

默认情况下，单元格中的数字格式是常规格式，不包含任何特定的数字格式，即以整数、小数、科学计数的方式显示。Excel 2010还提供了多种数字显示格式，如百分比、货币、日期等。用户可以根据数字的不同类型设置它们在单元格中的显示格式。

如果格式化的工作比较简单，可以通过"开始"选项卡下"数字"组中的按钮来完成。"数字"组中常用的数字格式化的工具按钮有五个。

- "货币样式"按钮"🔽"：在数据前使用货币符号。
- "百分比样式"按钮"%"：对数据使用百分比。
- "千位分隔样式"按钮","：使显示的数据在千位上有一个逗号。
- "增加小数位"按钮"←.0"：每单击一次，数据增加一个小数位。
- "减少小数位"按钮".00→"：每单击一次，数据减少一个小数位。

如果格式化的工作比较复杂，可以通过使用"设置单元格格式"对话框的"数字"选项卡来完成或者"数字"组中的"常规"组合框完成。

例如，设置办公用品领用登记表的"单价"列中数字的格式为货币样式，具体操作步骤如下。

Step 01 选中要设置数字格式的单元格区域，这里选择"F4:F18"单元格区域。

Step 02 单击"开始"选项卡下"数字"组右下角的"对话框启动器"按钮，打开"设置单元格格式"对话框，如图8-13所示。

Step 03 在"数字"选项卡下，在"分类"列表框中选择"货币"选项。在"示例"区域的"小数位数"后的文本框中选择或输入"2"，在"货币符号"下拉列表中选择"人民币货币符号"，在"负数"列表框中选择一种样式。

Step 04 单击"确定"按钮，设置单元格数字格式后的效果，如图8-14所示。

工作表的修饰——制作公司办公用品领用表 **08**

图8-13　设置单元格数字格式　　　　　图8-14　设置日期格式后的效果

动手做4　设置对齐格式

所谓对齐，是指单元格中的数据在显示时相对单元格上、下、左、右的位置。默认情况下，文本靠左对齐，数字靠右对齐，逻辑值和错误值居中对齐。有时，为了使工作表更加美观，可以使数据按照需要的方式进行对齐。

如果要设置简单的对齐方式，可以利用"开始"选项卡下的"对齐方式"组中的对齐方式按钮。文本对齐的按钮有以下六个。

- "左对齐"按钮"≡"：使数据左对齐。
- "居中"按钮"≡"：使数据在单元格内居中。
- "右对齐"按钮"≡"：使数据右对齐。
- "顶端对齐"按钮"≡"：使单元格中的数据沿单元格顶端对齐。
- "垂直居中"按钮"≡"：使单元格中的数据上下居中。
- "底端对齐"按钮"≡"：使单元格中的数据沿单元格底端对齐。

这里对办公用品领用登记表前四列设置水平居中的对齐方式，具体步骤如下。

Step 01　选中"B3:E18"单元格。

Step 02　单击"开始"选项卡下的"对齐方式"组中的"居中"按钮，设置数据居中显示。效果如图8-15所示。

图8-15　设置数据居中对齐格式的效果

教你一招

如果要设置单元格的对齐格式比较复杂，用户可以利用"单元格格式"对话框进行设置。单击"开始"选项卡下"数字"组右下角的"对话框启动器"按钮，打开"设置单元格格式"对话框，选择"对齐"选项卡，在对话框中用户可以对单元格的对齐方式进行详细的设置，如图8-16所示。

图8-16 利用对话框设置对齐格式

项目任务8-3 调整行高和列宽

当向单元格中输入数据时，经常会出现如单元格中的文字只显示了其中的一部分或者显示的是一串"#"符号，但是在编辑栏中却能看见对应单元格中的全部数据。造成这种结果的原因是单元格的高度或宽度不够，此时可以对工作表中的单元格的高度或宽度进行调整，使单元格中的数据显示出来。

动手做1 调整行高

默认情况下，工作表中任意一行所有单元格的高度总是相同的，所以调整某一个单元格的高度，实际上是调整了该单元格所在行的高度，并且行高会自动随单元格中的字体变化而变化。可以利用拖动鼠标快速调整行高，也可以利用菜单命令精确调整行高。

例如，为办公用品领用登记表调整行高，具体操作步骤如下。

Step 01 将鼠标移到第2行（标题行）的下边框线上。

Step 02 当鼠标变为"✥"形状时上下拖动鼠标，此时出现一条黑色的虚线随鼠标的拖动而移动，表示调整后行的高度，同时系统还会显示行高值，如图8-17所示。

Step 03 当拖动到合适位置时松开鼠标即可。

Step 04 用鼠标单击第3行的行号，选中第3行，然后按住鼠标左键向下拖动选中第3行至第18行。

Step 05 在"开始"选项卡下的"单元格"组中，单击"格式"按钮，如图8-18所示。在下拉列表中的"单元格大小"区域选择"行高"命令，打开"行高"对话框，如图8-19所示。

图8-17 利用鼠标调整行高　　　　　　　图8-18 选择"行高"命令

Step06 在“行高”文本框中输入“18”，单击“确定”按钮。设置行高后的效果如图8-20所示。

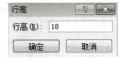

图8-19 “行高”对话框

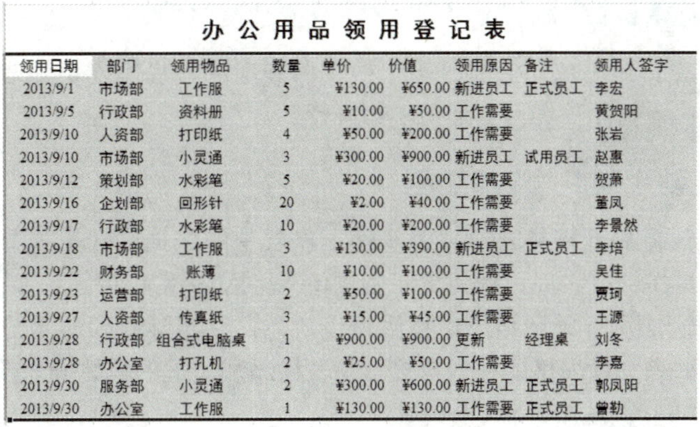

办 公 用 品 领 用 登 记 表

领用日期	部门	领用物品	数量	单价	价值	领用原因	备注	领用人签字
2013/9/1	市场部	工作服	5	¥130.00	¥650.00	新进员工	正式员工	李宏
2013/9/5	行政部	资料册	5	¥10.00	¥50.00	工作需要		黄贺阳
2013/9/10	人资部	打印纸	4	¥50.00	¥200.00	工作需要		张岩
2013/9/10	市场部	小灵通	3	¥300.00	¥900.00	新进员工	试用员工	赵惠
2013/9/12	策划部	水彩笔	5	¥20.00	¥100.00	工作需要		贺萧
2013/9/16	企划部	回形针	20	¥2.00	¥40.00	工作需要		董凤
2013/9/17	行政部	水彩笔	10	¥20.00	¥200.00	工作需要		李景然
2013/9/18	市场部	工作服	3	¥130.00	¥390.00	新进员工	正式员工	李培
2013/9/22	财务部	账薄	10	¥10.00	¥100.00	工作需要		吴佳
2013/9/23	运营部	打印纸	2	¥50.00	¥100.00	工作需要		贾珂
2013/9/27	人资部	传真纸	3	¥15.00	¥45.00	工作需要		王源
2013/9/28	行政部	组合式电脑桌	1	¥900.00	¥900.00	更新	经理桌	刘冬
2013/9/28	办公室	打孔机	2	¥25.00	¥50.00	工作需要		李嘉
2013/9/30	服务部	小灵通	2	¥300.00	¥600.00	新进员工	正式员工	郭凤阳
2013/9/30	办公室	工作服	1	¥130.00	¥130.00	工作需要	正式员工	曾勒

图8-20 设置行高后的效果

动手做2 调整列宽

在工作表中列和行有所不同，工作表默认单元格的宽度为固定值，并不会根据数字的长短而自动调整列宽。当在单元格中输入数字型数据超出单元格的宽度时，则会显示一串“#”符号；如果输入的是字符型数据，单元格右侧相邻的单元格为空时则会利用其空间显示，否则只在单元格中显示当前单元格所能显示的字符。在这种情况下，为了能完全显示单元格中的数据可以调整列宽。

这里以调整H列列宽为例，具体步骤如下。

Step01 将鼠标移至H列右侧的边框线处，当鼠标变成“✛”形状时拖动鼠标。

Step02 此时出现一条黑色的虚线跟随拖动的鼠标移动，表示调整后行的边界，同时系统还会显示出调整后的列宽值，这里设置为12即可，如图8-21所示。

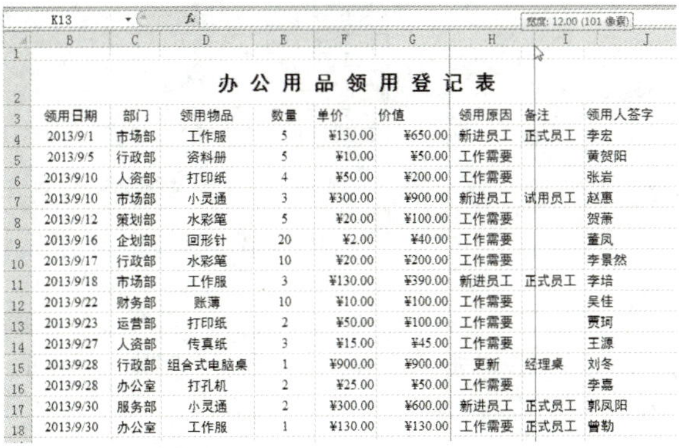

办 公 用 品 领 用 登 记 表

	B	C	D	E	F	G	H	I	J
3	领用日期	部门	领用物品	数量	单价	价值	领用原因	备注	领用人签字
4	2013/9/1	市场部	工作服	5	¥130.00	¥650.00	新进员工	正式员工	李宏
5	2013/9/5	行政部	资料册	5	¥10.00	¥50.00	工作需要		黄贺阳
6	2013/9/10	人资部	打印纸	4	¥50.00	¥200.00	工作需要		张岩
7	2013/9/10	市场部	小灵通	3	¥300.00	¥900.00	新进员工	试用员工	赵惠
8	2013/9/12	策划部	水彩笔	5	¥20.00	¥100.00	工作需要		贺萧
9	2013/9/16	企划部	回形针	20	¥2.00	¥40.00	工作需要		董凤
10	2013/9/17	行政部	水彩笔	10	¥20.00	¥200.00	工作需要		李景然
11	2013/9/18	市场部	工作服	3	¥130.00	¥390.00	新进员工	正式员工	李培
12	2013/9/22	财务部	账薄	10	¥10.00	¥100.00	工作需要		吴佳
13	2013/9/23	运营部	打印纸	2	¥50.00	¥100.00	工作需要		贾珂
14	2013/9/27	人资部	传真纸	3	¥15.00	¥45.00	工作需要		王源
15	2013/9/28	行政部	组合式电脑桌	1	¥900.00	¥900.00	更新	经理桌	刘冬
16	2013/9/28	办公室	打孔机	2	¥25.00	¥50.00	工作需要		李嘉
17	2013/9/30	服务部	小灵通	2	¥300.00	¥600.00	新进员工	正式员工	郭凤阳
18	2013/9/30	办公室	工作服	1	¥130.00	¥130.00	工作需要	正式员工	曾勒

图8-21 拖动调整列宽

教你一招

用户还可以利用对话框设置列宽，首先选中要设置列宽的列，在“开始”选项卡下的“单元格”组中，单击“格式”按钮，在下拉列表中的“单元格大小”区域选择“列宽”命令，打开“列宽”对话框，在对话框中输入列宽的具体数值。

项目任务8-4 添加边框和底纹

在设置单元格格式时,为了使工作表中的数据层次更加清晰明了,区域界限分明,可以为单元格或单元格区域添加边框和底纹。

动手做1 添加边框

在设置单元格格式时,为了使工作表中的数据层次更加清晰明了,区域界限分明,可以利用工具按钮或者对话框为单元格或单元格区域添加边框。

默认情况下单元格的边框线为浅灰色,在实际打印时是显示不出来的,因此可以为表格添加边框来加强表格的视觉效果。为表格添加边框的具体操作步骤如下。

Step 01 选中除标题外的其余内容。

Step 02 单击"开始"选项卡下"数字"组右下角的"对话框启动器"按钮,打开"设置单元格格式"对话框,选择"边框"选项卡,如图8-22所示。

Step 03 在"线条样式"列表中选择"粗实线",在"颜色"下拉列表中选择一种颜色,这里采用默认的自动,在"预置"区域单击"外边框"按钮。

Step 04 在"线条样式"列表中选择"细实线",在"颜色"下拉列表中选择一种颜色,这里采用默认的自动,在"预置"区域单击"内部"按钮。

Step 05 单击"确定"按钮,设置边框的效果如图8-23所示。

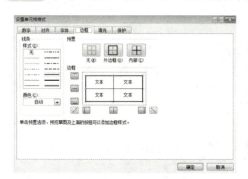

图8-22 设置单元格区域的边框   图8-23 设置边框的效果

提示

如果设置的边框比较简单,用户可以单击"开始"选项卡下"字体"组中的"边框"按钮,然后在下拉菜单中选择一种边框样式。

动手做2 添加底纹

用户还可以为单元格添加底色或者添加图案。

例如,这里为标题单元格设置底色,具体操作步骤如下。

Step 01 选中要设置底纹的单元格区域,这里选中标题单元格。

Step 02 单击"开始"选项卡下"字体"组中的"填充颜色"按钮,在打开的颜色下拉列表中选择一种颜色作为单元格的底色,设置底纹的效果如图8-24所示。

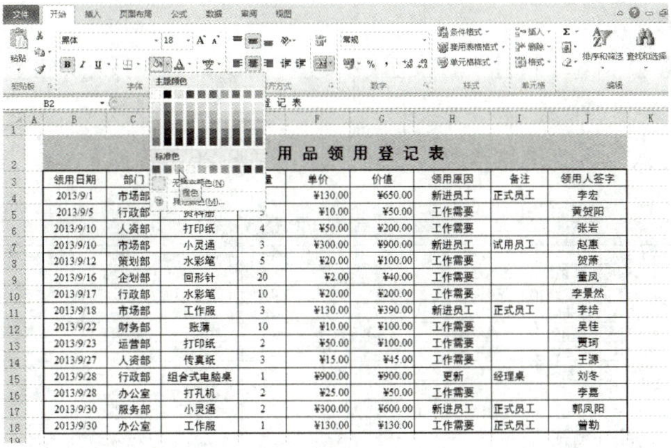

领用日期	部门	[illegible]	量	单价	价值	领用原因	备注	领用人签字
2013/9/1	市场部	[illegible]	[illegible]	¥130.00	¥650.00	新进员工	正式员工	李宏
2013/9/5	行政部	[illegible]	[illegible]	¥10.00	¥50.00	工作需要		黄贺阳
2013/9/10	人资部	打印纸	4	¥50.00	¥200.00	工作需要		张岩
2013/9/10	市场部	小灵通	3	¥300.00	¥900.00	新进员工	试用员工	赵惠
2013/9/12	策划部	水彩笔	5	¥20.00	¥100.00	工作需要		贺萧
2013/9/16	企划部	回形针	20	¥2.00	¥40.00	工作需要		董凤
2013/9/17	行政部	水彩笔	10	¥20.00	¥200.00	工作需要		李景然
2013/9/18	市场部	工作服	3	¥130.00	¥390.00	新进员工	正式员工	李培
2013/9/22	财务部	账薄	10	¥10.00	¥100.00	工作需要		吴佳
2013/9/23	运营部	打印纸	2	¥50.00	¥100.00	工作需要		贾珂
2013/9/27	人资部	传真纸	3	¥15.00	¥45.00	工作需要		王源
2013/9/28	行政部	组合式电脑桌	1	¥900.00	¥900.00	更新	经理桌	刘冬
2013/9/28	办公室	打孔机	2	¥25.00	¥50.00	工作需要		李嘉
2013/9/30	服务部	小灵通	2	¥300.00	¥600.00	新进员工	正式员工	郭凤阳
2013/9/30	办公室	工作服	1	¥130.00	¥130.00	工作需要	正式员工	曾勤

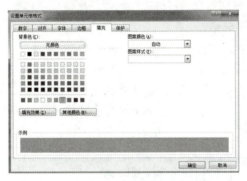

图8-24　为单元格设置底纹的效果

教你一招

使用按钮设置底纹，会受到了一些限制，如无法为单元格设置背景图案。如果用户为单元格设置的底纹较为复杂，可以利用对话框进行设置。单击“开始”选项卡下“数字”组右下角的对话框启动器，打开“设置单元格格式”对话框，单击“填充”选项卡，如图8-25所示。在“背景色”区域用户可以设置背景颜色，在“图案颜色”和“图案样式”区域用户可以为单元格设置图案底纹。

图8-25　利用对话框设置底纹

项目任务8-5 在工作表中添加批注

为了让别的用户更加方便、快速地了解自己建立的工作表内容，可以使用Excel 2010提供的添加批注功能，对工作表中一些复杂公式或者特殊的单元格数据添加批注。当在某个单元格中添加了批注之后，会在该单元格的右下角出现一个小红三角，只要将鼠标指针移到该单元格之中，就会显示出添加批注的内容。

动手做1　为单元格添加批注

批注是附加在单元格中，与其他单元格内容分开的注释。批注是十分有用的提醒方式，例如，注释复杂的公式，或为其他用户提供反馈。在进行多用户协作时具有非常重要的作用。

例如，为办公用品领用登记表“G3”单元格添加批注，具体操作步骤如下。

Step 01 选定“G3”单元格。

Step 02 在“审阅”选项卡的“批注”选项组中单击“新建批注”按钮，在该单元格的旁边出现一个批注框。

Step 03 在批注框中输入内容“价值=数量*单价”，如图8-26所示。

办公用品领用登记表

USER-:
价值=单价*数量

领用日期	部门	领用物品	数量	单价	价值		备注	领用人签字
2013/9/1	市场部	工作服	5	¥130.00	¥650.00		式员工	李宏
2013/9/5	行政部	资料册	5	¥10.00	¥50.00			黄贺阳
2013/9/10	人资部	打印纸	4	¥50.00	¥200.00	工作需要		张岩
2013/9/10	市场部	小灵通	3	¥300.00	¥900.00	新进员工	试用员工	赵惠
2013/9/12	策划部	水彩笔	5	¥20.00	¥100.00	工作需要		贺萧
2013/9/16	企划部	回形针	20	¥2.00	¥40.00	工作需要		董凤
2013/9/17	行政部	水彩笔	10	¥20.00	¥200.00	工作需要		李景然
2013/9/18	市场部	工作服	3	¥130.00	¥390.00	新进员工	正式员工	李培
2013/9/22	财务部	账薄	10	¥10.00	¥100.00	工作需要		吴佳
2013/9/23	运营部	打印纸	2	¥50.00	¥100.00	工作需要		贾珂
2013/9/27	人资部	传真纸	3	¥15.00	¥45.00	工作需要		王源
2013/9/28	行政部	组合式电脑桌	1	¥900.00	¥900.00	更新	经理桌	刘冬
2013/9/28	办公室	打孔机	2	¥25.00	¥50.00	工作需要		李嘉
2013/9/30	服务部	小灵通	2	¥300.00	¥600.00	新进员工	正式员工	郭凤阳
2013/9/30	办公室	工作服	1	¥130.00	¥130.00	工作需要	正式员工	曾勒

图8-26　插入批注

动手做2　显示、隐藏、删除或编辑批注

要显示或隐藏工作表中的所有批注，在“开始”选项卡的“批注”选项组中，单击“显示所有批注”按钮，即可显示所有批注，再次单击“显示所有批注”按钮，即可将所有批注隐藏。

对已经存在的批注，可以对其进行修改和编辑，具体操作步骤如下。

Step 01 单击要编辑批注的单元格。

Step 02 在“开始”选项卡的“批注”选项组中，单击“编辑批注”按钮。此时批注文本框处于可编辑状态，此时可对批注内容进行编辑，单击工作表中任意一个单元格结束编辑。

如果要删除某个单元格中的批注，单击包含批注的单元格，在“开始”选项卡的“批注”选项组中，单击“删除”按钮，则该单元格右上角的小红三角消失，表明此单元格批注已被删除。

项目拓展——制作出货单

公司为了方便经营和管理，证明货物的去向，在每次出货时都会填写一个出货单，这里利用Excel 2010来制作一个出货单，效果如图8-27所示。

显示器出货单

买方公司：新天地电脑公司　　出货日期：2013年9月10日

序号	货品名称	品牌	尺寸	数量（台）	单价	总价	备注
0001	明基GW2245	明基	22	10	¥900.00	¥9,000.00	
0002	三星S22B360VW	三星	22	15	¥1,200.00	¥18,000.00	
0003	三星S22C330HW	三星	22	20	¥1,000.00	¥20,000.00	
0004	三星S22B150N	三星	22	20	¥900.00	¥18,000.00	
0005	LG 23EA53R	LG	23	15	¥1,400.00	¥21,000.00	
0006	LG D2343P	LG	23	15	¥1,500.00	¥22,500.00	
0007	三星S24C370HL	三星	23	20	¥1,300.00	¥26,000.00	
0008	明基BL2410PT	明基	24	20	¥1,700.00	¥34,000.00	
0009	明基GW2760HS	明基	27	15	¥1,800.00	¥27,000.00	
0010	LG 27EA33V	LG	27	15	¥2,000.00	¥30,000.00	

制单员：　　仓管员：　　送货员：　　客户签字：

图8-27　出货单效果

模块 08 工作表的修饰——制作公司办公用品领用表

设计思路

在制作出货单的过程中，主要是应用了自动套用格式和设置条件格式的操作，制作出货单的基本步骤可分解为：

Step 01 自动套用格式；

Step 02 设置条件格式。

在制作出货单之前首先打开存放在"案例与素材\模块八\素材"文件夹中名称为"出货单（初始）"文件，如图8-28所示。

图8-28　出货单素材

动手做1　自动套用格式

Excel 2010内部提供的工作表格式都是在财务和办公领域流行的格式，使用自动套用格式功能既可节省大量时间，又可以使表格美观大方，并具有专业水准。

为出货单自动套用格式的具体步骤如下：

Step 01 选中需要使用自动套用格式的单元格区域，这里选中"A5:H15"区域。

Step 02 单击"开始"选项卡下"样式"组中的"套用表格格式"按钮，打开一下拉列表，如图8-29所示。

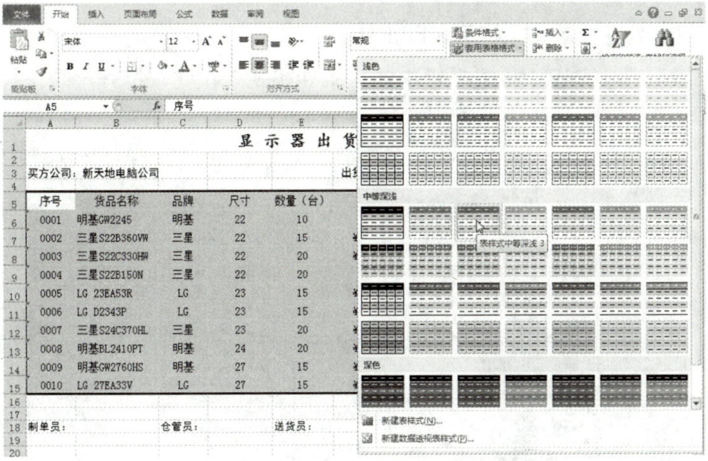

图8-29　"套用表格格式"下拉菜单

Step 03 在下拉列表中选择合适的样式，这里选择"表格样式中等深浅 3"，单击该选项，打开

137

"套用表格式"对话框。

Step 04 选中"表包含标题"复选框,如图8-30所示。

Step 05 单击"确定"按钮,设置套用表格式后的效果如图8-31所示。

Step 06 单击"品牌"右侧的箭头打开一个列表,在"文件筛选"区域只选中"三星"选项,如图8-32所示。

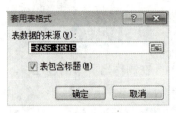

图8-30 "套用表格式"对话框

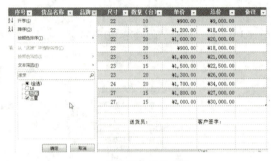

图8-31 设置套用表格式后的效果　　　　图8-32 筛选品牌

Step 07 单击"确定"按钮,筛选品牌的效果如图8-33所示。

动手做2 设置条件格式

在工作表的应用过程中,可能需要将某些满足条件的单元格以指定的样式进行显示。Excel 2010提供了条件格式的功能,可以设置单元格的条件并设置这些单元格的格式。系统会在选定的区域中搜索符合条件的单元格,并将设定的格式应用到符合条件的单元格中。

这里设置出货单中单价小于1000元的单元格用红色填充,具体步骤如下。

图8-33 筛选品牌的效果

Step 01 选定要设置条件格式的单元格区域F6:F15。

Step 02 单击"开始"选项卡下"样式"组中的"条件格式"按钮,打开一个下拉列表,如图8-34所示。

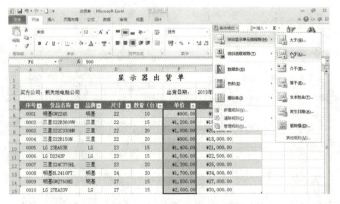

图8-34 条件格式下拉菜单

Step 03 在"突出显示单元格规则"的子菜单中选择"小于",打开"小于"对话框,如图8-35所示。

Step 04 在数值文本框中输入"1000",单击"设置为"的组合框后的下三角箭头,打开"设置为"下拉列表,选择"自定义格式",打开"设置单元格格式"对话框。

Step 05 选择"填充"选项卡,设置填充颜色为红色,如图8-36所示。

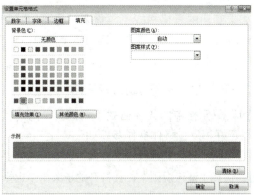

图8-35 "小于"对话框　　　　　图8-36 设置"填充"样式

Step 06 依次单击"确定"按钮,设置后的效果如图8-37所示。

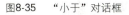

图8-37 设置条件格式后的效果

知识拓展

通过前面的任务主要学习了插入行(列)、单元格的格式化、调整行高与列宽、添加边框和底纹、在工作表中添加批注、自动套用格式、设置条件格式等操作,另外还有一些关于修饰Excel 2010的操作在前面的任务中没有运用到,下面就介绍一下。

动手做1　为工作表添加背景

为工作表添加背景的具体操作步骤如下。

Step 01 打开要添加背景图片的工作表。

Step 02 在"页面布局"选项卡的"页面设置"选项组中单击"背景"按钮,打开"工作表背景"对话框,如图8-38所示。

Step 03 在"查找范围"列表中选择背景文件的位置，选定背景文件。

Step 04 单击"打开"按钮。

如果不再需要工作表背景图案，可将其从工作表中删除，在"页面布局"选项卡的"页面设置"选项组中，单击"删除背景"按钮即可。

动手做2　删除套用格式

如果套用的表格格式不再需要，也可以将其删除。选择自动套用格式的单元格区域。在"设计"选项卡的"表样式"选项组中，单击"表样式"右边的箭头，在下拉列表中选择"清除"命令即可。

动手做3　删除条件格式

如果单元格中的条件格式不再需要，可将其删除，删除条件格式的方法与建立条件格式的过程正好相反，具体操作步骤如下。

Step 01 单击"开始"选项卡"样式"选项组中的"条件格式"按钮，打开一个下拉菜单。

Step 02 选择"清除规则"，在打开的子菜单中选择"清除所选单元格的规则"即可。

动手做4　为单元格应用样式

Excel 2010还提供了样式功能，用户可以为单元格或单元格区域应用Excel 2010内置的样式。

首先选中单元格或单元格区域，在"开始"选项卡的"样式"组中单击"单元格样式"按钮，然后在下拉列表中选择一种内置的样式即可，如图8-39所示。

如果在下拉列表中单击"新建单元格样式"命令，则可以创建新的样式。

图8-38　"工作表背景"对话框

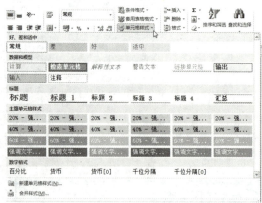
图8-39　应用样式

课后练习与指导

一、选择题

1. 下面不属于"单元格格式"对话框中的选项卡是（　　）。
　　A．数字选项卡，对齐选项卡　　　　B．字体选项卡，边框选项卡
　　C．图案选项卡，保护选项卡　　　　D．图表选项卡，常规选项卡

2. 关于工作表的行高和列宽下列说法错误的是（　　）。

A．行高会自动随单元格中的字体变化而变化
　　B．列宽会根据输入数字型数据的长短而自动调整
　　C．在单元格中输入文本型数据超出单元格的宽度时，则会显示一串"#"符号
　　D．利用鼠标拖动可以快速调整行高和列宽
3．下面关于插入或删除行（列）的说法，正确的是（　　）。
　　A．插入的空白行出现在选定行的上方
　　B．插入的空白列出现在选定列的右侧
　　C．用户可以在工作表中插入一个单元格
　　D．用户可以删除工作表中的一个单元格
4．下面关于边框和底纹的说法，正确的是（　　）。
　　A．利用边框按钮设置边框无法选择边框的线型
　　B．利用单元格格式对话框设置边框不但可以选择线型还可以选择线条颜色
　　C．利用单元格格式对话框可以为单元格设置图案底纹
　　D．用户可以为单元格的某一个边单独设置边框

二、填空题

1．"开始"选项卡下"数字"组中常用的设置数字格式的工具按钮有_____、_____、_____、_____和_____五个。

2．"开始"选项卡下"对齐"组中常用的设置对齐的按钮有_____、_____、_____、_____、_____和_____六个。

3．工作表的行高会自动随用户改变单元格中的字体而_____，工作表默认的列宽为固定值，并不会根据数据的增长而_____。

4．单击"开始"选项卡下_____组中的_____按钮可以将选中的单元格合并为一个单元格。

5．在"开始"选项卡下的_____组中单击_____按钮，在下拉列表中用户可以设置行高和列宽。

6．在"开始"选项卡下的_____组中单击_____按钮，在下拉列表中用户可以为选中的单元格区域自动套用格式。

7．在"页面布局"选项卡的_____选项组中单击_____按钮，可以打开"工作表背景"对话框。

8．在_____选项卡的_____选项组中单击"新建批注"按钮，则可以为单元格添加批注。

三、简答题

1．调整行高或列宽有哪些方法？
2．如何为单元格区域设置条件格式？
3．如何删除工作表中多余的行？
4．怎样对工作表中的批注重新进行编辑？
5．为单元格或单元格区域添加底纹有哪些方法？
6．为单元格或单元格区域添加边框有哪些方法？

四、实践题

制作一个如图8-40所示的文件发放记录。

1. 合并"B1:H1"单元格区域。
2. 设置数据区域的对齐方式为"水平居中对齐"。
3. 按图所示设置日期格式。
4. 为工作表标题设置"标题1"的单元格样式。
5. 设置表格外边框为"粗实线",颜色为"蓝色强调文字颜色1";内部横线为"粗点划线",颜色为"蓝色强调文字颜色1"。
6. 按图8-40所示设置工作表单元格底纹为"橙色,细对角线条纹"。

素材位置:案例与素材\模块八\\素材\文件发放记录(初始)。

效果位置:案例与素材\模块八\\源文件\文件发放记录。

文 件 发 放 记 录 表

序号	文件标题	接收单位	份数	接收人签字	日期	备注
001	品控部工作职责	品控部	5	王小红	2013年5月10日	
002	产品不合格管理规定	技术部	8	李萍萍	2013年5月12日	
003	样品检验规范	技术部	10	李萍萍	2013年5月12日	
004	电池保护板检验标准	品控部	24	王小红	2013年5月15日	新标准
005	PVC热缩套管检验标准	品控部	6	王小红	2013年5月15日	新标准
006	标贴检验标准	品控部	8	王小红	2013年5月18日	新标准
007	五金件检验标准	品控部	34	王小红	2013年5月18日	新标准
008	纸箱检验标准	品控部	20	王小红	2013年5月18日	新标准
009	铝箔材料检验标准	品控部	14	王小红	2013年5月18日	新标准
010	去离子水检验标准	品控部	15	王小红	2013年5月18日	新标准
011	磷酸铁锂检验标准	品控部	7	王小红	2013年5月18日	新标准
012	OQC出货检验程序	销售部	45	冯子敏	2013年5月20日	
013	异常处理流程程序	销售部	4	冯子敏	2013年5月20日	

图8-40 文件发放记录

模块09 Excel 2010数据分析功能——制作员工工资管理表

你知道吗？

Excel 2010提供了极强的公式、函数、数据排序、筛选以及分类汇总等功能。使用这些功能，用户可以方便的管理、分析数据。

应用场景

人们平常会见到分期付款计算、厨房装修费用清单等电子表格，如图9-1所示，这些都可以利用Excel 2010的数据分析功能来制作。

厨房装修费用清单

项目	数量	单项费用		总计费用	
		估价	实际	估价	实际
橱柜					
欧派整体橱柜	1	10000	9800	10000	9800
洗碗机					
西门子洗碗机	1	6000	6200	6000	6200
厨具					
双立人厨具	2	300	280	600	560
爱仕达	1	160	150	160	150
操作台					
	1	500	480	500	480
热水器					
海尔	1	2000	1800	2000	1800
冰箱					
海尔	1	3000	2800	3000	2800
排气扇					
	1	200	150	200	150
其他					
				0	0
合计				22460	21940
不可预计费用					
加 30%				6738	0
总计				¥29,198.00	¥21,940.00

图9-1　厨房装修费用清单

企业只有做好员工工资管理，才能做好企业管理，而做好工资管理的重要工作之一就是制作一个详细的工资表。正常情况下，工资表一份由劳动工资部门存查；一份裁成“工资条”，连同工资一起发给职工；一份在发放工资时由职工签章后交财会部门作为工资核算的凭证，并用以代替工资的明细核算。

如图9-2所示，是利用Excel 2010的数据分析功能制作的工资表。请读者根据本模块所介绍的知识和技能，完成这一工作任务。

Word 2010、Excel 2010、PowerPoint 2010案例教程

编号	姓名	性	部门	职称	基本工	奖	津	加班	应发工	个人所得	实发工
16	刘琴	女	人事处	高级	2859	200	1000	0	4059	52.95	4006.05
6	林占国	男	人事处	副高	2956	200	800	0	3956	47.8	3908.2
1	孙林	男	人事处	初级	2200	200	200	0	2600	0	2600
12	佟玲玲	女	车间	中级	2656	500	500	500	4156	57.8	4098.2
14	王朝	男	车间	初级	2956	500	200	400	4056	52.8	4003.2
9	张子仪	女	车间	中级	2356	500	500	300	3656	32.8	3623.2
11	陶明	男	车间	初级	2069	500	200	600	3369	18.45	3350.55
10	胡安	男	车间	初级	2069	500	200	500	3269	13.45	3255.55
8	隋建安	女	财务科	中级	2789	200	500	0	3489	24.45	3464.55
3	吴子英	女	财务科	初级	2542	200	200	0	2942	0	2942
4	田红	男	财务科	初级	2542	200	200	0	2942	0	2942
20	杨柳	男	保卫科	副高	2768	300	800	100	3968	48.4	3919.6
5	赵子民	男	保卫科	中级	2756	300	500	80	3636	31.8	3604.2
19	付琴	女	保卫科	中级	2612	300	500	100	3512	25.6	3486.4
17	张晓	女	保卫科	中级	2689	300	500	0	3489	24.45	3464.55
13	李成	男	保卫科	中级	2526	300	500	50	3376	18.8	3357.2
2	付刚	男	办公室	中级	2775	200	500	0	3475	23.75	3451.25
7	童涛	男	办公室	中级	2775	200	500	0	3475	23.75	3451.25
15	李鹏	女	办公室	中级	2626	200	500	0	3326	16.3	3309.7
18	宫丽	女	办公室	中级	2612	200	500	0	3312	15.6	3296.4

图9-2　工资表

相关文件模板

利用Excel 2010的数据分析功能还可以完成考试成绩表、分期付款计算表、购车分期付款计算表、个人月度预算表、公司日常费用表、家庭账本、净资产计算表、考勤统计表、可查询姓名的通讯录、收费登记表、信用卡使用记录、出租车运营明细记账表等工作任务。

为方便读者，本书在配套的资料包中提供了部分常用的文件模板，具体文件路径如图9-3所示。

图9-3　应用文件模板

背景知识

工资是指雇主或者用人单位依据法律规定，或行业规定，或根据与员工之间的约定，以货币形式对员工的劳动所支付的报酬。工资可以以时薪、月薪、年薪等不同形式计算。

员工与企业的关系中，员工相对处于弱势，员工一定要注意维护自己的权益。

在工资中员工最关切的问题就是加班费了，加班费是指劳动者按照用人单位生产和工作的需要在规定工作时间之外继续生产劳动或者工作所获得的劳动报酬。劳动者加班，延长了工作时间，增加了额外的劳动量，应当得到合理的报酬。

按照劳动法的规定，支付加班费的具体标准是：在标准工作日内安排劳动者延长工作时间的，支付不低于工资的百分之一百五十的工资报酬；休息日安排劳动者工作又不能安排补休的，支付不低于工资的百分之二百的工资报酬；法定休假日安排劳动者工作的，支付不低于百分之三百的工资报酬。

设计思路

在制作工资表的过程中，主要应用到使用公式和函数来计算数据、利用排序功能排序数据、对数据进行筛选、创建分类汇总，制作工资表的基本步骤可分解为：

Step 01 使用公式；
Step 02 使用函数；
Step 03 排序数据；
Step 04 筛选数据；
Step 05 汇总数据。

项目任务9-1 使用公式

公式是在工作表中对数据进行分析和运算的等式，或者是一组连续的数据和运算符组成的序列。公式要以等号（＝）开始，用于表明其后的字符为公式。紧随等号之后的是需要进行计算的元素，各元素之间用运算符隔开。

▶ 动手做1　了解公式中的运算符

运算符用于对公式中的元素进行特定类型的运算，分为算术运算符、文本运算符、比较运算符和引用运算符。

- 文本运算符：文本运算符只有一个"&"，使用该运算符可以将文本连接起来。其含义是将两个文本值连接或串联起来产生一个连续的文本值，如"大众"&"轿车"的结果是"大众轿车"。
- 算术运算符和比较运算符：算术运算符可以完成基本的算术运算，如加、减、乘、除等，还可以连接数字并产生运算结果。比较运算符可以比较两个数值并产生逻辑值，逻辑值只有两个FALSE和TURE，即错误和正确。表9-1列出了算术运算符和比较运算符的含义。
- 引用运算符：引用运算符可以将单元格区域合并计算，它主要包括冒号、逗号、空格。表9-2列出了引用运算符的含义。

表9-1　算术运算符和比较运算符

算术运算符	含　　义	比较运算符	含　　义
＋	加	＝	等于
－	减	＜	小于
＊	乘	＞	大于
／	除	＞＝	大于等于
＾	乘方	＜＝	小于等于
％	百分号	＜＞	不等于

表9-2　引用运算符

引用运算符	含　　义
：（冒号）	区域运算符，表示区域引用，对包括两个单元格在内的所有单元格进行引用
，（逗号）	联合运算符，将多个引用合并为一个引用
（空格）	交叉运算符，对同时隶属两个区域的单元格进行引用

动手做2　了解运算顺序

Excel 2010根据公式中运算符的特定顺序从左到右计算公式。如果公式中同时用到多个运算符时，对于同一级的运算，则按照从等号开始从左到右进行计算，对于不同级的运算符，则按照运算符的优先级进行计算。表9-3列出了常用运算符的运算优先级。

如果要更改求值的顺序，可以将公式中要先计算的部分用括号括起来。例如，公式"=10+3*5"的结果是"25"，因为Excel先进行乘法运算后再进行加法运算。先将"3"与"5"相乘，然后再加上"10"，即得到结果。如果使用括号改变语法"=（10+3）*5"，Excel先用"10"加上"3"，再用结果乘以"5"，得到结果"65"。

表9-3　公式中运算符的优先级

运算符	含义	运算符	含义
：（冒号）	区域运算符	^	乘方
（空格）	交叉运算符	*和/	乘和除
，（逗号）	联合运算符	+和-	加和减
－（负号）	如：-5	&	文本运算符
%	百分号	=、>、<、>=、<=、<>	比较运算符

动手做3　创建公式

在创建公式时可以直接在单元格中输入，也可以在编辑栏中输入，在编辑栏中输入和在单元格中输入计算结果是相同的。

下面我们为员工工资表运用公式，具体步骤如下：

Step 01 打开"案例与素材\模块十"文件夹中名称为"公司员工工资表（初始文件）"的文件。

Step 02 选定单元格"J3"，在编辑栏中输入公式"=F3+G3+H3+I3"，如图9-4所示。

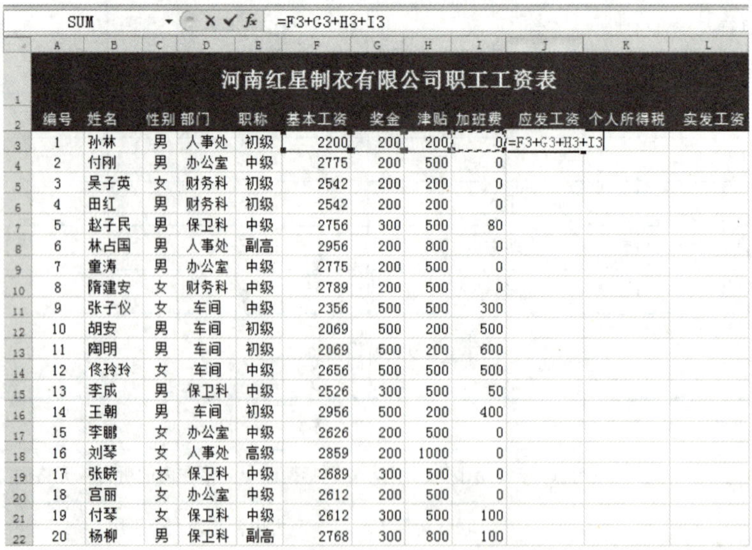

图9-4　输入公式

Step03 按“Enter”键，或单击编辑栏中的输入按钮“✓”即可在单元格中计算出结果，如图9-5所示。

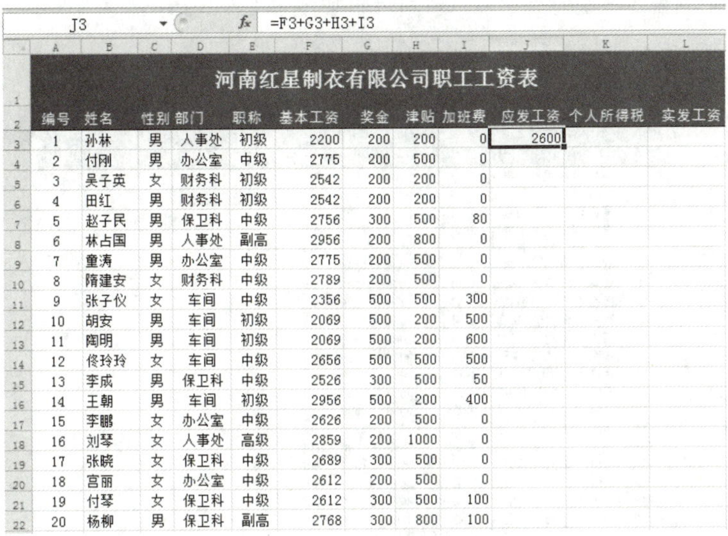
J3 =F3+G3+H3+I3

河南红星制衣有限公司职工工资表											
编号	姓名	性别	部门	职称	基本工资	奖金	津贴	加班费	应发工资	个人所得税	实发工资
1	孙林	男	人事处	初级	2200	200	200	0	2600		
2	付刚	男	办公室	中级	2775	200	500	0			
3	吴子英	女	财务科	初级	2542	200	200	0			
4	田红	男	财务科	初级	2542	200	200	0			
5	赵子民	男	保卫科	中级	2756	300	500	80			
6	林占国	男	人事处	副高	2956	200	800	0			
7	童涛	男	办公室	中级	2775	200	500	0			
8	隋建安	女	财务科	中级	2789	200	500	0			
9	张子仪	女	车间	中级	2356	500	500	300			
10	胡安	男	车间	初级	2069	500	200	500			
11	陶明	男	车间	初级	2069	500	200	600			
12	佟玲玲	女	车间	中级	2656	500	500	500			
13	李成	男	保卫科	中级	2526	300	500	50			
14	王朝	男	车间	初级	2956	500	200	400			
15	李鹏	女	办公室	中级	2626	200	500	0			
16	刘琴	女	人事处	高级	2859	200	1000	0			
17	张晓	女	保卫科	中级	2689	300	500	0			
18	宫丽	女	办公室	中级	2612	200	500	0			
19	付琴	女	保卫科	中级	2612	300	500	100			
20	杨柳	男	保卫科	副高	2768	300	800	100			

图9-5 利用公式计算出的结果

动手做4 单元格的引用

引用的作用在于标识工作表上的单元格或单元格区域，并指明公式中所使用数据的位置。通过引用，可以在公式中使用工作表不同部分的数据，或者在多个公式中使用同一个单元格的数值。还可以引用同一个工作簿中不同工作表上的单元格和其他工作簿中的数据。在Excel 2010中，系统提供了三种不同的引用类型：相对引用、绝对引用和混合引用。它们之间既有区别又有联系，在引用单元格数据时，用户一定要弄清楚这三种引用类型之间的区别和联系。

- 相对引用，指的是引用单元格的行号和列标。所谓相对就是可以变化，它的最大特点就是在单元格中使用公式时如果公式的位置发生变化，那么所引用的单元格也会发生变化。
- 绝对引用，顾名思义就是当公式的位置发生变化时，所引用的单元格不会发生变化，无论移到任何位置，引用都是绝对的。绝对引用使用在单元格名前加一符号“$”，如“$A$3”表示单元格“A3”是绝对引用。
- 混合引用，就是指仅绝对引用行号或者列标，如“$B6”表示绝对引用列标，“B$6”则表示绝对引用行号。当相对引用的公式发生位置变化时，绝对引用的行号或列标不变，但相对引用的行号或列标则发生变化。

如果多行多列地复制公式，则相对引用自动调整，而绝对引用不作调整。例如，如果将一个混合引用“=A$1”从“A2”复制到“B2”，它将从“=A$1”调整到“=B$1”。

例如，上面已在单元格“J3”中使用公式，现想把其公式相对引用到“J4”单元格中，具体步骤如下。

Step01 单击选中“J3”单元格。

Step02 单击“开始”选项卡下的“剪切板”组中的“复制”按钮，或按下“Ctrl+C”组合键，则选中的单元格周围出现闪烁的边框。

Step03 单击选中要相对引用的单元格“J4”，单击“开始”选项卡下的“剪切板”组中的“粘贴”按钮，或按下“Ctrl+V”组合键，即可将“J3”单元格中的公式相对引用到“J4”单元格中，在该单元格中的公式将变为“=F4+G4+H4+I4”，如图9-6所示。

J4 =F4+G4+H4+I4

河南红星制衣有限公司职工工资表											
编号	姓名	性别	部门	职称	基本工资	奖金	津贴	加班费	应发工资	个人所得税	实发工资
1	孙林	男	人事处	初级	2200	200	200	0	2600		
2	付刚	男	办公室	中级	2775	200	500	0	3475		
3	吴子英	女	财务科	初级	2542	200	200	0			
4	田红	男	财务科	初级	2542	200	200	0			
5	赵子民	男	保卫科	中级	2756	300	500	80			
6	林占国	男	人事处	副高	2956	200	800	0			
7	童涛	男	办公室	中级	2775	200	500	0			
8	隋建安	女	财务科	中级	2789	200	500	0			
9	张子仪	女	车间	中级	2356	500	500	300			
10	胡安	男	车间	初级	2069	500	200	500			
11	陶明	男	车间	初级	2069	500	200	600			
12	佟玲玲	女	车间	中级	2656	500	500	500			
13	李成	男	保卫科	中级	2526	300	500	50			
14	王朝	男	车间	初级	2956	500	200	400			
15	李鹏	女	办公室	中级	2626	200	500	0			
16	刘琴	女	人事处	高级	2859	200	1000	0			
17	张晓	女	保卫科	中级	2689	300	500	0			
18	宫丽	女	办公室	中级	2612	200	500	0			
19	付琴	女	保卫科	中级	2612	300	500	100			
20	杨柳	男	保卫科	副高	2768	300	800	100			

图9-6 复制公式

这里用户还可以利用自动填充功能来填充公式，首先单击“J4”单元格，将鼠标移到该单元格的填充柄上，并向下拖动填充柄。到达单元格“J20”后松开鼠标，则“J4”中的公式自动填充到选定的单元格区域，如图9-7所示。

J4 =F4+G4+H4+I4

河南红星制衣有限公司职工工资表											
编号	姓名	性别	部门	职称	基本工资	奖金	津贴	加班费	应发工资	个人所得税	实发工资
1	孙林	男	人事处	初级	2200	200	200	0	2600		
2	付刚	男	办公室	中级	2775	200	500	0	3475		
3	吴子英	女	财务科	初级	2542	200	200	0	2942		
4	田红	男	财务科	初级	2542	200	200	0	2942		
5	赵子民	男	保卫科	中级	2756	300	500	80	3636		
6	林占国	男	人事处	副高	2956	200	800	0	3956		
7	童涛	男	办公室	中级	2775	200	500	0	3475		
8	隋建安	女	财务科	中级	2789	200	500	0	3489		
9	张子仪	女	车间	中级	2356	500	500	300	3656		
10	胡安	男	车间	初级	2069	500	200	500	3269		
11	陶明	男	车间	初级	2069	500	200	600	3369		
12	佟玲玲	女	车间	中级	2656	500	500	500	4156		
13	李成	男	保卫科	中级	2526	300	500	50	3376		
14	王朝	男	车间	初级	2956	500	200	400	4056		
15	李鹏	女	办公室	中级	2626	200	500	0	3326		
16	刘琴	女	人事处	高级	2859	200	1000	0	4059		
17	张晓	女	保卫科	中级	2689	300	500	0	3489		
18	宫丽	女	办公室	中级	2612	200	500	0	3312		
19	付琴	女	保卫科	中级	2612	300	500	100	3512		
20	杨柳	男	保卫科	副高	2768	300	800	100	3968		

图9-7 自动填充公式后的效果

项目任务9-2 应用函数

函数是一些预定义的公式，通过使用一些称为参数的特定数值来按特定的顺序或结构执行计算。函数可用于执行简单或复杂的计算。在公式中合理地使用函数，可以大大节省用户的输入时间，简化公式的输入。应用函数有两种方法。

- 直接输入法就是直接在工作表的单元格中输入函数的名称及语法结构。

● 插入函数法就是当用户在不能确定函数的拼写时，则可使用插入函数的方法来应用函数。

直接输入法的操作非常简单，只需先选择要输入函数公式的单元格，输入"＝"号，然后按照函数的语法直接输入函数名称及各参数即可。但其要求用户必须对所使用的函数较为熟悉，并且十分了解此函数包括多少个参数及参数的类型。然后就可以像输入公式一样来输入函数，使用起来也较为方便。

由于利用直接输入法来输入函数时，要求用户必须了解函数的语法、参数及使用方法，而且Excel 2010提供了200多种函数，因此用户不可能全部记住。这时就可以使用插入函数法，这种方法简单、快速，它不需要用户的输入，而直接插入即可使用。

例如，在公司员工工资表中，插入函数，求每个员工的个人所得税，如果应发工资3000元，则个人所得税＝（应发工资－3000）×0.05，具体步骤如下。

Step 01 选定单元格"K3"。

Step 02 单击"公式"选项卡下"函数库"选项组的"插入函数"按钮，打开"插入函数"对话框，如图9-8所示。

Step 03 在"或选择类别"下拉列表中选择"逻辑"选项，在"选择函数"列表框中选择所需的函数类型"IF"。

Step 04 单击"确定"按钮，打开"函数参数"对话框，如图9-9所示。

图9-8　"插入函数"对话框　　　　　图9-9　"函数参数"对话框

Step 05 在"Logical_test"编辑框中输入函数的条件参数:J3>3000，在"Value_if_true"编辑框中输入函数条件值为真时的参数：（J3-3000）*0.05，在"Value_if_false"编辑框中输入函数条件值为假时的参数：0。

Step 06 单击"确定"按钮，则在单元格"K3"中显示出计算结果。

Step 07 利用自动填充功能，计算出每个员工的个人所得税，效果如图9-10所示。

教你一招

如果用户熟悉函数的类别，可以直接单击"公式"选项卡下的"函数库"组中函数类别右侧的下三角箭头，然后在列表中直接选择即可。在"函数库"组中"自动求和"列表中显示的则是求和、平均值、最大值、最小值等常用函数，如图9-11所示。

图9-11　"自动求和"列表

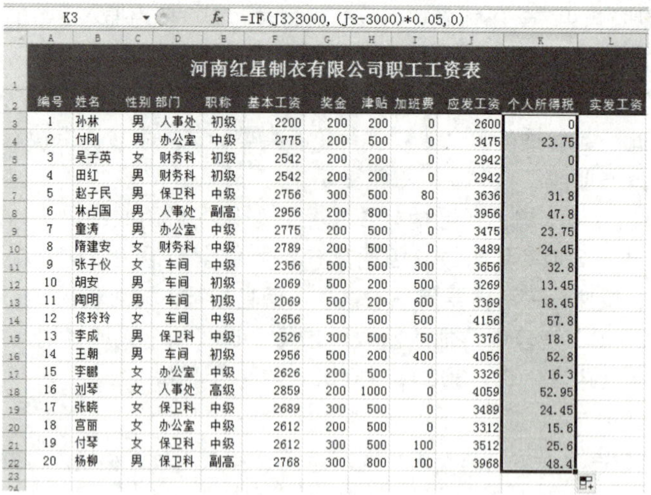

K3 =IF(J3>3000, (J3-3000)*0.05, 0)

河南红星制衣有限公司职工工资表

编号	姓名	性别	部门	职称	基本工资	奖金	津贴	加班费	应发工资	个人所得税	实发工资
1	孙林	男	人事处	初级	2200	200	200	0	2600	0	
2	付刚	男	办公室	中级	2775	200	500	0	3475	23.75	
3	吴子英	女	财务科	初级	2542	200	200	0	2942	0	
4	田红	男	财务科	初级	2542	200	200	0	2942	0	
5	赵子民	男	保卫科	中级	2756	300	500	80	3636	31.8	
6	林占国	男	人事处	副高	2956	200	800	0	3956	47.8	
7	童涛	男	办公室	中级	2775	200	500	0	3475	23.75	
8	隋建安	女	财务科	中级	2789	200	500	0	3489	24.45	
9	张子仪	女	车间	中级	2356	500	500	300	3656	32.8	
10	胡安	男	车间	初级	2069	500	200	500	3269	13.45	
11	陶明	男	车间	初级	2069	500	200	600	3369	18.45	
12	佟玲玲	女	车间	中级	2656	500	500	500	4156	57.8	
13	李成	男	保卫科	中级	2526	300	500	50	3376	18.8	
14	王朝	男	车间	初级	2956	500	200	400	4056	52.8	
15	李鹏	女	办公室	中级	2626	200	500	0	3326	16.3	
16	刘琴	女	人事处	高级	2859	200	1000	0	4059	52.95	
17	张晓	女	保卫科	中级	2689	300	500	0	3489	24.45	
18	宫丽	女	办公室	中级	2612	200	500	0	3312	15.6	
19	付琴	女	保卫科	中级	2612	300	500	100	3512	25.6	
20	杨柳	男	保卫科	副高	2768	300	800	100	3968	48.4	

图9-10　利用函数的计算结果

项目任务9-3 排序数据

在实际应用中，在工作表中建立数据清单输入数据时，人们一般是按照数据到来的前后顺序输入的。但是，当用户要直接从数据清单中查找所需的信息时，很不直观。为了提高查找效率，需要重新整理数据，对此最有效的方法就是对数据进行排序。对数据清单中的数据进行排序是Excel最常见的应用之一。

排序是指按照一定的顺序重新排列数据清单中的数据，通过排序，可以根据某特定列的内容来重新排列数据清单中的行。排序并不改变行的内容，当两行中有完全相同的数据或内容时，Excel会保持它们的原始顺序。

所谓数据清单，是指包含相关数据的一系列工作表数据行，数据清单中的字段即工作表中的列，每一列中包含一种信息类型，该列的列标题就叫字段名，它必须由文字表示。数据清单中的记录，即工作表中的行，每一行都包含着相关的信息。

动手做1　按单列排序

在对数据清单中的数据进行排序时，Excel 2010也有自己默认的排列顺序。其默认的排序是使用特定的排列顺序，根据单元格中的数值而不是格式来排列数据。

在按升序排序时，Excel 2010将使用如下顺序（在按降序排序时，除了空格总是在最后外，其他的排序顺序反之）。

- 数字从最小的负数到最大的正数排序。
- 文本以及包含数字的文本，按下列顺序排序：先是数字0到9，然后是字符“' -（空格）! " # $ % &（）*，. / : ; ? @ “ \ ” ^ _ ` { | } ~ + < = >”，最后是字母A到Z。
- 在逻辑值中，FALSE 排在 TRUE 之前。
- 所有错误值的优先级等效。
- 空格排在最后。

对数据记录进行排序时，主要利用“排序”工具按钮和“排序”对话框来进行排序。如果用户想快速地根据某一列的数据进行排序，则可使用“数据”选项卡下的“排序和筛选”组中的排序按钮。

- "升序"按钮" "：单击此按钮后，系统将按字母表顺序、数据由小到大、日期由前到后等默认的排列顺序进行排序。
- "降序"按钮" "：单击此按钮后，系统将按反字母表顺序、数据由大到小、日期由后到前等顺序进行排序。

例如，将公司员工工资表中"实发工资"列的数据按降序进行排列，具体操作步骤如下。

Step 01 首先计算实发工资，实发工资＝应发工资－个人所得税。

Step 02 在"实发工资"列选中任一单元格。

Step 03 单击"数据"选项卡下"排序和筛选"选项组中的"降序"按钮，则"实发工资"列的数据按由大到小排列，排序后的结果如图9-12所示。

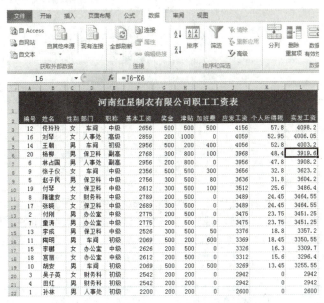

图9-12 将"实发工资"列降序排列后的结果

提示

在进行排序时，也可利用"开始"选项卡下"编辑"选项组中"排序和筛选"按钮下拉列表中的排序按钮。

动手做2 按多列排序

利用"常用"工具栏中的排序按钮进行排序虽然方便快捷，但是只能按某一字段名的内容进行排序，如果要按两个或两个以上字段的内容进行排序时可以在"排序"对话框中进行。

例如，在公司员工工资表中先按"部门"降序排列，再按"实发工资"降序排列，具体步骤如下。

Step 01 选中单元格区域"A3:L22"。

Step 02 单击"数据"选项卡下"排序和筛选"选项组中的"排序"按钮，打开"排序"对话框。

Step 03 在"主要关键字"下拉列表中选中"部门"，在"排序依据"列表中选择"数值"，在"次序"列表中选中"降序"。

Step 04 单击"添加条件"按钮,在"次要关键字"下拉列表中选中"实发工资",在"排序依据"列表中选择"数值",在"次序"列表中选中"降序",如图9-13所示。

Step 05 单击"确定"按钮,按多列进行排序后的结果如图9-14所示。

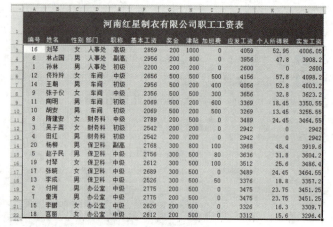

图9-13 "排序"对话框　　　　　　　　图9-14 按多列进行排序的效果

提示

在"排序"对话框中选中"数据包含标题"复选框则表示在排序时保留数据清单的字段名称行,字段名称行不参与排序。取消"数据包含标题"复选框的选中状态则表示在排序时删除数据清单中的字段名称行,字段名称行中的数据也参与排序。

项目任务9-4 数据筛选

筛选是查找和处理数据清单中数据子集的快捷方法,筛选清单仅显示满足条件的行,该条件由用户针对某列指定。筛选与排序不同,它并不重排数据清单,而只是将不必显示的行暂时隐藏。用户可以使用"自动筛选"或"高级筛选"功能将那些符合条件的数据显示在工作表中。Excel 2010在筛选行时,可以对清单子集进行编辑、设置格式、制作图表和打印,而不必重新排列或移动。

动手做1 自动筛选

自动筛选是一种快速的筛选方法,用户可以通过它快速地访问大量数据,从中选出满足条件的记录并将其显示出来,隐藏那些不满足条件的数据,此种方法只适用于条件较简单的筛选。

例如,利用"自动筛选"功能,将员工工资表中"部门"等于"人事处"的记录显示出来,具体步骤如下。

Step 01 选中单元格区域"A2:L22"。

Step 02 单击"数据"选项卡下"排序和筛选"组中的"筛选"按钮,则在选中区域的标题行中文本的右侧出现一个下三角箭头,效果如图9-15所示。

Step 03 单击"部门"右侧的下三角箭头打开一个列表,在列表的"数字筛选"下面的列表中取消

"全选"的选中状态,然后选择"人事处",如图9-15所示。

图9-15 筛选列表

Step 04 单击"确定"按钮,自动筛选后的结果,如图9-16所示。

图9-16 筛选部门为人事处的效果

教你一招

在进行数据筛选后如果要取消筛选,单击"排序和筛选"组中的"清除"按钮即可。

动手做2 自定义筛选

在使用"自动筛选"命令筛选数据时,还可以利用"自定义"的功能来限定一个或两个筛选条件,以便于将更接近条件的数据显示出来。

例如,在员工工资表中筛选出"实发工资"小于等于"4000"并且大于等于"3500"的员工,具体步骤如下。

Step 01 选中单元格区域"A2:L22"。

Step 02 单击"数据"选项卡下"排序和筛选"选项组中的"筛选"按钮。

Step 03 单击"实发工资"右侧的下三角箭头打开一个列表,然后指向"数字筛选"出现一个子菜单,如图9-17所示。

Step 04 在列表中选择"介于"选项,打开"自定义自动筛选方式"对话框,如图9-18所示。

153

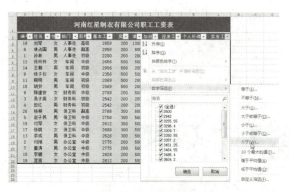

图9-17 数字筛选菜单

图9-18 "自定义自动筛选方式"对话框

Step 05 在左上部的比较操作符下拉列表中选择"大于或等于",在其右边的文本框中输入"3500",选中"与"单选按钮,在左下部的比较操作符列表中选择"小于或等于",在其右边的文本框中输入"4000"。

Step 06 单击"确定"按钮,自定义筛选后的结果如图9-19所示。

图9-19 按"实发工资"字段自定义筛选的效果

动手做3 自动筛选前10个

如果用户要筛选出最大或最小的几项,用户可以在筛选列表中使用"前10个"命令来完成。例如,将员工工资表中实发工资中最大的前5名显示出来,具体步骤如下。

Step 01 单击"实发工资"右侧的下三角箭头打开一个列表,然后指向"数字筛选"出现一个子菜单,选择"10个最大的项"选项,打开"自动筛选前10个"对话框,如图9-20所示。

Step 02 在对话框中的最左边的下拉列表中选择"最大"项,在中间的文本框中选择或输入"5",在最后边的下拉列表中选择"项"。

Step 03 单击"确定"按钮,按"实发工资"字段自动筛选出排在前5名后的效果如图9-21所示。

图9-20 自动筛选前10个对话框

图9-21 筛选实发工资前五名的效果

项目任务9-5 数据分类汇总

分类汇总是对数据清单上的数据进行分析的一种常用方法,Excel 2010可以使用函数实现分类和汇总值计算，汇总函数有求和、计算、求平均值等多种。使用汇总命令，可以按照用户选择的方式对数据进行汇总，自动建立分级显示，并在数据清单中插入汇总行和分类汇总行。在插入分类汇总时，Excel 2010会自动在数据清单的底部插入一个总计行。

动手做1　创建分类汇总

分类汇总是将数据清单中的某个关键字段进行分类，相同值的分为一类，然后对各类进行汇总。在进行自动分类汇总之前，应对数据清单进行排序将要分类字段相同的记录集中在一起，并且数据清单的第一行里必须有列标记。利用自动分类汇总功能可以对一项或多项指标进行汇总。

例如，在员工工资表中，按"部门"对实发工资进行最大值汇总，具体步骤如下。

Step 01　首先将"部门"字段按升序进行排列使相同部门的记录集中在一起。
Step 02　选中单元格区域"A2:L22"，单击"数据"选项卡下"分级显示"选项组中的"分类汇总"按钮，打开"分类汇总"对话框。
Step 03　在"分类字段"下拉列表中选择"部门"；在"汇总方式"下拉列表中选择"最大值"；在"选定汇总项"列表中选中"实发工资"，如图9-22所示。
Step 04　选中"汇总结果显示在数据下方"复选框，则将分类汇总的结果放在本类数据的最后一行。
Step 05　单击"确定"按钮，对实发工资进行分类汇总后的结果，如图9-23所示。

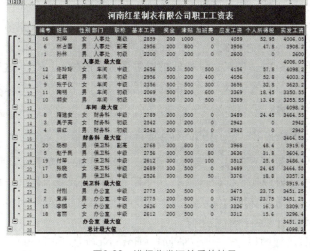

图9-22　"分类汇总"对话框　　　图9-23　进行分类汇总后的结果

提示

如果选中"替换当前分类汇总"复选框则表示按本次要求进行汇总；如果选中"每组数据分页"复选框，则将每一类分页显示。

动手做2　分级显示数据

工作表中的数据进行分类汇总后，将会使原来的工作表显得有些庞大，如果用户要想单独查看汇总数据或查看数据清单中的明细数据，最简单的方法就是利用Excel 2010提供的分级显示功能。

在对工作表数据进行分类汇总后，汇总后的工作表在窗口处将出现"1"、"2"、"3"的数字，还有"-"、大括号等，这些符号在Excel 2010中称为分级显示符号。

符号"−"是"隐藏明细数据"按钮，"+"是"显示明细数据"按钮。
- 单击"−"可以隐藏该级及以下各级的明细数据。
- 单击"+"则可以展开该级明细数据。

例如，现在只需要显示"最大值"的各项记录，则可以将其他内容都隐藏，如图9-24所示。

图9-24　隐藏数据的结果

项目拓展——财务函数的应用

与统计函数、工程函数一样，在Excel 2010中还提供了许多种财务函数。利用财务函数可以进行一般的财务计算，如确定贷款的支付额、投资的未来值或净现值，以及债券或股票的价值。这些财务函数大体上可分为四类：投资计算函数、折旧计算函数、偿还率计算函数、债券及其他金融函数。它们为财务分析提供了极大的便利。使用这些函数不必理解高级财务知识，只要填写变量值就可以了。这里我们就介绍一下常用的财务函数，如图9-25所示是使用PMT函数制作的车贷分期偿还额表。

动手做1　使用PMT函数制作分期偿还额表

制作分期偿还额表需要PMT函数，PMT函数是基于固定利率及等额分期付款方式，它返回的是投资或贷款的每期付款额。PMT函数可以计算为偿还一笔贷款，要求在一定周期内支付完时，每次需要支付的偿还额，也就是平时所说的"分期付款"。例如，借购房贷款或其他贷款时，可以计算每期的偿还额。

PMT函数的语法形式为：PMT（Rate,Nper,Pv,Fv,Type）。
- Rate为各期利率，是一个固定值。
- Nper为总投资（或贷款）期，即该项投资（或贷款）的付款期总数。
- Pv为现值，或一系列未来付款当前值的累积和，也称为本金。
- Fv为未来值，或在最后一次付款后希望得到的现金余额，如果省略Fv，则假设其值为零（如一笔贷款的未来值即为零）。
- Type为0或1，用以指定各期的付款时间是在期初还是期末。如果省略Type，则假设其值为零。

现假设，某人购车采用的是分期付款的形式，现他首付了20000元的车款，然后贷了80000元的贷款，其贷款的年利率为5.5%，他计划在5年内还清，则在这5年时间中，他每月的月初应该付多少款才能在有限期限内还清，我们可以利用PMT函数解决该问题，具体步骤如下。

Step 01 在工作表中输入如图9-26所示的数据内容。

购车分期付款计算表	
现款购车价格	¥100,000
首付款	¥20,000
贷款额	¥80,000
年利率	5.500%
还款期限（月）	60
每月还款数额	¥-1,528

图9-25　贷款分期偿还额表

购车分期付款计算表	
现款购车价格	¥100,000
首付款	¥20,000
贷款额	¥80,000
年利率	5.5%
还款期限（月）	60
每月还款数额	

图9-26　在工作表中输入分期贷款额数据

Step 02 选择“C10”单元格，单击“公式”选项卡下的“函数库”组中“财务”函数类别右侧的下三角箭头，在列表中选择“PMT”，打开“函数参数”对话框，如图9-27所示。

Step 03 在“Rate”文本框中输入“（C8/12）”，在“Nper”文本框中输入“（C9）”，在“Pv”文本框中输入“（C7）”。

Step 04 单击“确定”按钮，即可在“C10”单元格中显示出计算结果，如图9-28所示。

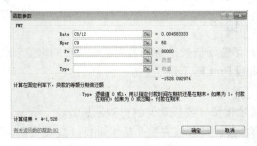

图9-27　设置PMT函数参数

购车分期付款计算表	
现款购车价格	¥100,000
首付款	¥20,000
贷款额	¥80,000
年利率	5.5%
还款期限（月）	60
每月还款数额	¥-1,528

图9-28　分期付款计算结果

动手做2　使用FV函数计算某项投资的未来值

在进行财务管理的工作中，经常会遇到要计算某项投资的未来值的情况，此时如果利用Excel提供的FV函数进行计算，则可以帮助用户进行一些有计划、有目的、有效益的投资。

FV函数是基于固定利率及等额分期付款方式，它返回的是某项投资的未来值。其语法形式为FV（Rate,Nper,Pmt,Pv,Type）。

- Rate为各期利率，为一个固定值。
- Nper为总投资（或贷款）期，即该项投资（或贷款）的付款期总数。
- Pmt为各期所应付给（或得到）的金额，其数值在整个年金期间（或投资期内）保持不变，通常Pmt包括本金和利息，但不包括其他费用及税款。如果忽略 Pmt，则必须包含Pv 参数。
- Pv为现值，或一系列未来付款当前值的累积和，也称为本金，如果省略Pv，则假设其值为零，并且必须包括 Pmt 参数。
- Type为数字0或1，用以指定各期的付款时间是在期初还是期末，如果省略Type，则假设其值为零。

现假设，某人在三年后需要一笔比较大的学习费用支出，他计划从现在起每月初存入500元，如果按年利率2.25%计算，三年后他账户的存款额为多少？我们可以利用FV函数解决该问题，具体步骤如下。

Step 01 在工作表中输入如图9-29所示的数据内容。

Step 02 选择“D8”单元格，单击“公式”选项卡下的“函数库”组中“财务”函数类别右侧的下三角箭头，在列表中选择“FV”，打开“函数参数”对话框，如图9-30所示。

最终存款额计算表	
每月存款	¥-500.00
存款期限	60
年利率	2.25%
最终存款额	

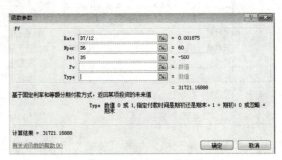

图9-29　在工作表中输入存款额数据

图9-30　设置FV函数参数

Step 03 在“Rate”文本框中输入“（D7/12）”，在“Nper”文本框中输入“（D6）”，在“Pv”文本框中输入“（D5）”。

Step 03 单击“确定”按钮，即可在“D8”单元格中显示出计算结果，如图9-31所示。

动手做3　使用PV函数计算现值

PV函数是用来计算某项投资的现值。年金现值就是未来各期年金现在的价值总和。

PV函数的语法形式为：PV（Rate,Nper,Pmt,Fv,Type）。

- Rate为各期利率，为一个固定值；
- Nper为总投资（或贷款）期，即该项投资（或贷款）的付款期总数。
- Pmt为各期所应付给（或得到）的金额，其数值在整个年金期间（或投资期内）保持不变，通常Pmt包括本金和利息，但不包括其他费用及税款。如果忽略 Pmt，则必须包含Fv 参数。
- Fv为未来值，或在最后一次支付后希望得到的现金余额，如果省略 Fv，则假设其值为零（一笔贷款的未来值即为零），并且必须包括 Pmt 参数。
- Type为数字0或1，用以指定各期的付款时间是在期初还是期末，如果省略Type，则假设其值为零。

现假设，某人准备向银行贷一批款，他每月能拿出1500元支付给银行，5年内还清，他现在能从银行贷出多少钱？我们可以利用PV函数解决该问题，具体步骤如下。

Step 01 在工作表中输入如图9-32所示的数据内容。

最终存款额计算表	
每月存款	¥-500.00
存款期限	60
年利率	2.25%
最终存款额	¥31,721.17

图9-31　最终存款额

当前贷款额	
每月存款	¥-1,500.00
存款期限	60
年利率	5.50%
当前贷款额	

图9-32　在工作表中输入贷款额数据

Step 02 选择“D8”单元格，单击“公式”选项卡下的“函数库”组中“财务”函数类别右侧的下三角箭头，在列表中选择“PV”，打开“函数参数”对话框，如图9-33所示。

模块 09 Excel 2010数据分析功能——制作员工工资管理表

Step 03 在"Rate"文本框中输入"(D7/12)",在"Nper"文本框中输入"(D6)",在"Pmt"文本框中输入"(D5)"。

Step 04 单击"确定"按钮,即可在"D8"单元格中显示出计算结果,如图9-34所示。

图9-33　设置PV函数参数　　　　　　　　图9-34　当前贷款额

知识拓展

通过前面的任务主要学习了应用公式与函数、排序数据、筛选数据、数据的分类汇总、打印工作表等操作,另外还有一些关于数据管理的操作在前面的任务中没有运用到,下面就介绍一下。

动手做1　设置数据输入条件

在Excel 2010中,用户可以使用"数据有效性"来控制单元格中输入数据的类型及范围。这样可以限制用户不能给参与运算的单元格输入错误的数据,以避免运算时发生混乱。

Step 01 选定需要设置数据有效性的单元格区域。

Step 02 单击"数据"选项卡下"数据工具"组中的"数据有效性"按钮,弹出一个下拉列表,如图9-35所示。

Step 03 在下拉列表中选择"数据有效性"选项,打开"数据有效性"对话框,单击"设置"选项卡,在"有效性条件"区域设置允许输入的数据,如图9-36所示。

Step 04 设置完毕,单击"确定"按钮。

图9-35　设置数据有效性　　　　　　图9-36　设置输入数据的有效性条件

如果用户在设置了有效性的单元格中输入有效性条件以外的数据,则会出现如图9-37所示的警告对话框。

动手做2　保护单元格中的公式

如果单元格中的数据是公式计算出来的，那么当选定该单元格后，在编辑栏上将会显示出该数据的公式。如果用户工作表中的数据比较重要，可以将工作表中单元格中的公式隐藏，这样可以防止其他用户看出该数据是如何计算出的。

对工作表中的公式进行保护，具体步骤如下：

Step 01 选中要保护的单元格或单元格区域。

Step 02 单击"开始"选项卡下"单元格"组中的"格式"按钮，在打开的下拉列表中选择"设置单元格格式"选项，打开"单元格格式"对话框，单击"保护"选项卡，如图9-38所示。

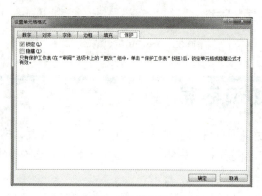

图9-37　警告对话框　　　　　　图9-38　保护单元格

Step 03 在对话框中如果选中了"锁定"复选框，则工作表受保护后，单元格中的数据不能被修改；如果选中了"隐藏"复选框，则工作表受保护后，单元格中的公式被隐藏。

Step 04 单击"确定"按钮。

Step 05 单击"审阅"选项卡下"更改"组中的"保护工作表"按钮，打开"保护工作表"对话框，如图9-39所示。选中"保护工作表及锁定的单元格内容"复选框，单击"确定"按钮，对工作表设置保护。

设置了隐藏功能后，在选中含有公式的单元格，则不显示公式。

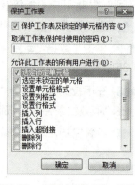

图9-39　"保护工作表"对话框

课后练习与指导

一、选择题

1. 关于运算符下列说法正确的是（　　）。
   A. 文本运算符只有一个
   B. 比较运算符只有两个FALSE和TURE，即错误和正确
   C. 冒号、逗号、空格属于引用运算符
   D. 同一种运算符属于同一级

2. 关于单元格的引用下列说法正确的是（　　）。
   A. 相对引用是指引用单元格的行号和列标可以变化

B．相对引用使用在单元格名前加一符号"＄"

C．绝对引用是指引用单元格的行号和列标不变

D．混合引用是指只绝对引用行号或者列标

3．关于排序下列说法正确的是（　　）。

A．在逻辑值中，TRUE排在FALSE之前

B．空格排在最后

C．在排序时数字排在字母之后

D．所有错误值的优先级等效

4．关于数据筛选下列说法正确的是（　　）。

A．在筛选时如使用"自动筛选前10个"选项，只能筛选最大或最小的前十个数据

B．在进行数据筛选后如果要取消筛选，单击"排序和筛选"组中的"清除"按钮即可

C．筛选与排序不同，它也重排数据清单同时将不必显示的行暂时隐藏

D．自定义筛选可以限定一个或两个筛选条件

二、填空题

1．运算符用于对公式中的元素进行特定类型的运算，分为_____、_____、_____和_____。

2．Excel 2010提供了三种不同的引用类型：_____、_____和_____。

3．在_____选项卡的"函数库"组中单击_____按钮，打开"插入函数"对话框。

4．在"排序"对话框中选中"数据包含标题"复选框则表示在排序时保留数据清单的字段名称行，字段名称行_____。

5．在PMT函数中Rate为_____，Nper为_____，Pv为_____，Fv为_____。

6．在"数据"选项卡下单击_____组中的"筛选"按钮，可以对数据进行筛选的操作。

7．在进行自动分类汇总之前，应对数据清单进行排序将要分类字段相同的记录_____，并且数据清单的第一行里_____。

8．单击"数据"选项卡下_____组中的"分类汇总"按钮，可以打开_____对话框。

9．单击_____选项卡下_____组中的"数据有效性"按钮，在下拉列表中选择"数据有效性"选项，打开"数据有效性"对话框。

10．如果用户要筛选出最大或最小的3项，用户可以在筛选列表中使用_____命令来完成。

三、简答题

1．如果要按两个或两个以上字段的内容进行排序应该如何操作？

2．应用函数有哪几种方法？

3．如果要限定两个筛选条件来筛选数据应该如何操作？

4．如何消除分级显示数据？

5．用户怎样在工作表中控制输入数据的类型及范围？

6．如何使单元格中的公式隐藏？

四、实践题

制作考试成绩表。

1．公式（函数）应用：使用Sheet1工作表中的数据，统计“总分”并计算“各科平均分”，结果分别放在相应的单元格中，效果如图9-40所示。

交通职专计算机专业期末考试成绩表						
姓名	班级	计算机原理	数据库	C语言	计算机编程	总分
张军	一班	80	68	61	71	280
刘红	二班	90	58	84	76	308
卜一	三班	76	64	76	79	295
李四军	二班	65	65	74	80	284
刘海	三班	78	89	86	90	343
范娟	二班	80	74	85	86	325
刘湖	一班	90	80	70	71	311
时方瑞	三班	78	80	74	76	308
李玉杰	二班	72	60	75	76	283
韩雪	二班	63	78	80	87	308
各科平均分		77.20	71.60	76.50	79.20	

图9-40　利用公式和函数计算的效果

2．数据排序：使用Sheet2工作表中的数据，以“总分”为主要关键字，“计算机原理”为次要关键字，升序排序，结果如图9-41所示。

3．数据筛选：使用Sheet3工作表中的数据，筛选出各科分数均大于等于70的记录，结果如图9-42所示。

交通职专计算机专业期末考试成绩表						
姓名	班级	计算机原理	数据库	C语言	计算机编程	总分
张军	一班	80	68	61	71	280
李玉杰	二班	72	60	75	76	283
李四军	二班	65	65	74	80	284
卜一	三班	76	64	76	79	295
韩雪	二班	63	78	80	87	308
时方瑞	三班	78	80	74	76	308
刘红	二班	90	58	84	76	308
刘湖	一班	90	80	70	71	311
范娟	二班	80	74	85	86	325
刘海	三班	78	89	86	90	343

图9-41　排序的效果

交通职专计算机专业期末考试成绩表					
姓名	班级	计算机原理	数据库	C语言	计算机编程
刘海	三班	78	89	86	90
范娟	二班	80	74	85	86
刘湖	一班	90	80	70	71
时方瑞	三班	78	80	74	76

图9-42　筛选数据的效果

4．数据分类汇总：使用Sheet4工作表中的数据，以“班级”为分类字段，将各科成绩及总分进行“平均值”分类汇总，结果如图9-43所示。

	A	B	C	D	E	F
1		交通职专计算机专业期末考试成绩表				
2	姓名	班级	计算机原理	数据库	C语言	计算机编程
3	张军	一班	80	68	61	71
4	刘湖	一班	90	80	70	71
5		**一班 平均值**	85	74	65.5	71
6	时方瑞	三班	78	80	74	76
7	卜一	三班	76	64	76	79
8	刘海	三班	78	89	86	90
9		**三班 平均值**	77.333333	77.66667	78.66666667	81.6666667
10	刘红	二班	90	58	84	76
11	李玉杰	二班	72	60	75	76
12	李四军	二班	65	65	74	80
13	范娟	二班	80	74	85	86
14	韩雪	二班	63	78	80	87
15		**二班 平均值**	74	67	79.6	81
16		**总计平均值**	77.2	71.6	76.5	79.2

图9-43　分类汇总的效果

素材位置：案例与素材\模块九\素材\考试成绩表（初始）。

效果位置：案例与素材\模块九\源文件\考试成绩表。

Word 2010、Excel 2010、PowerPoint 2010案例教程

模块 10 Excel 2010图表和数据透视表的应用——制作库存统计图

你知道吗？

Excel 2010提供的图表功能，可以将系列数据以图表的方式表达出来，使数据更加清晰易懂，使数据表示的含义更形象更直观，并且用户可以通过图表直接了解到数据之间的关系和变化的趋势。

应用场景

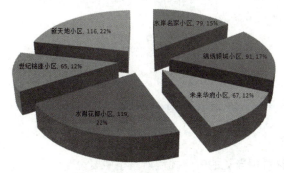

图10-1　Excel 2010中的图表（1）

人们平常会见到图表，如图10-1所示，这些都可以利用Excel 2010的图表功能来制作。

公司库存物品的情况除了可以通过表格来反映外，还可用图表的形式更直观地反映。常见的统计图有柱形、饼形、折线形、条形等多种样式，这些形式反映统计情况更加直观、形象，更便于比较和分析。

如图10-2所示，就是利用Excel 2010制作的库存统计图表，请读者根据本模块所介绍的知识和技能，完成这一工作任务。

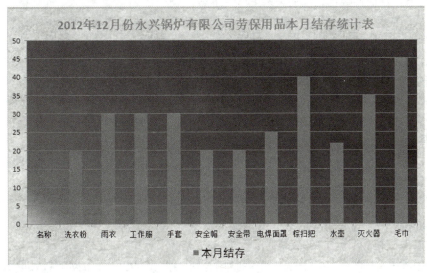

图10-2　Excel 2010中的图表（2）

相关文件模板

利用Excel 2010的图表功能还可以完成生产误差散点图、产出柱状图表、销售分析图表、楼房销售统计表、商品销售情况统计数据透视表等工作任务。

为方便读者，本书在配套的资料包中提供了部分常用的文件模板，具体文件路径如图10-3所示。

图10-3　应用文件模板

背景知识

库存商品指一切目前闲置的，用于未来的，有经济价值的商品。库存的主要作用是：维持销售产品的稳定，维持生产的稳定以及平衡企业物流。库存对市场的发展、企业的正常运作与发展起了非常重要的作用。

设计思路

在制作库存统计表的过程中，首先要创建图表，然后对图表进行编辑，最后对图表进行格式化的操作，制作销售分析统计表的基本步骤可分解为：

Step 01 创建图表；
Step 02 编辑图表；
Step 03 格式化图表。

项目任务10-1　创建图表

对于一些结构复杂的表格，用户往往要花费相当长的时间才能对表格中要说明的问题理出个头绪来，既费时又费力。而如果使用Excel 2010的"图表"功能，则可以将枯燥乏味的数字转化为图表，从而使数据之间的关系更一目了然。

根据图表显示位置的不同，建立图表的方式有嵌入式图表和图表工作表两种。

- 嵌入式图表是置于工作表中用于补充工作数据的图表，当要在一个工作表中查看或打印图表及其源数据或其他信息时，可使用嵌入式图表。
- 图表工作表是工作簿中具有特定工作表名称的独立工作表，当要独立于工作表数据查看或编辑大而复杂的图表，或希望节省工作表的屏幕空间时，可以使用图表工作表。

无论是以何种方式建立的图表，都与生成它们的工作表上的源数据建立了链接，这就意味着当更新工作表数据时，同时也会更新图表。

例如，在库存物品统计表中，插入永兴锅炉有限公司劳保用品的2012年12月份库存图表，具体步骤如下。

Step 01 打开"案例与素材\模块十\素材"文件夹中名称为"库存物品统计表（初始文件）"文件，如图10-4所示。

Step 02 在工作表中选择要绘制图表的数据区域，这里选择"名称"列和"本月结存"列。

Step 03 单击"插入"选项卡下"图表"组中的"柱形图"按钮，弹出一个下拉列表，如图10-5所示。

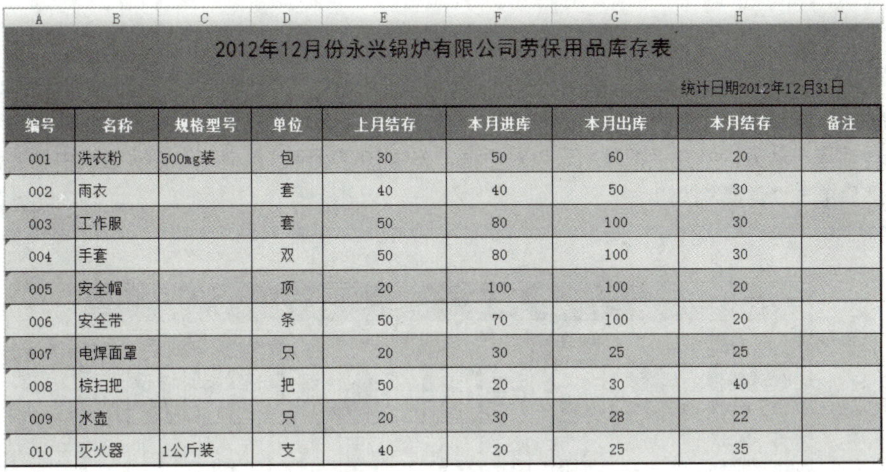

2012年12月份永兴锅炉有限公司劳保用品库存表

统计日期2012年12月31日

编号	名称	规格型号	单位	上月结存	本月进库	本月出库	本月结存	备注
001	洗衣粉	500mg装	包	30	50	60	20	
002	雨衣		套	40	40	50	30	
003	工作服		套	50	80	100	30	
004	手套		双	50	80	100	30	
005	安全帽		顶	20	100	100	20	
006	安全带		条	50	70	100	20	
007	电焊面罩		只	20	30	25	25	
008	棕扫把		把	50	20	30	40	
009	水壶		只	20	30	28	22	
010	灭火器	1公斤装	支	40	20	25	35	

图10-4　库存统计表素材

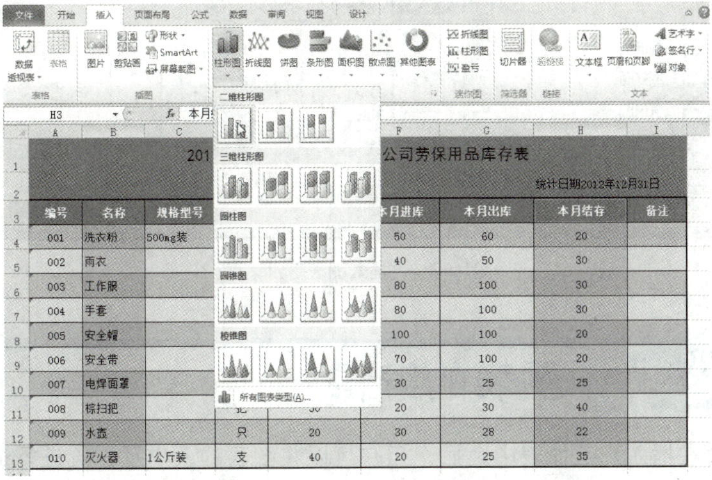

图10-5　“柱形图”下拉菜单

Step04 在下拉列表中选择“二维柱形图”的“簇状柱形图”按钮即可插入图表。创建图表的效果如图10-6所示。

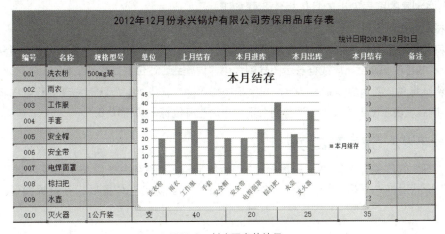

图10-6　创建图表的效果

提示

如果"插入"选项卡下"图表"组中的各个图表按钮，不能满足用户要求，用户可以单击图表组右下角的对话框启动器，打开"插入图表"对话框，如图10-7所示。用户可以在对话框中挑选合适的图表，然后单击"确定"按钮。

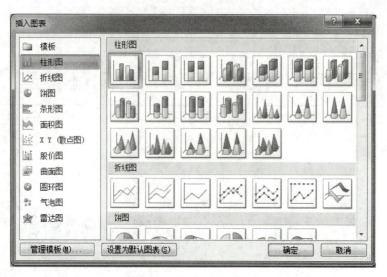

图10-7 "插入图表"对话框

项目任务10-2 图表的编辑

建立的图表在插入到工作表中之后，用户可以将图表的大小及位置进行适当调整，以便于看起来更整洁美观方便用户查阅数据。

动手做1 调整图表的大小

通过对图表的大小进行调整，可以使图表中的数据更清晰、图表更美观，在销售统计表中调整上面创建的图表大小的具体操作步骤如下。

Step 01 将鼠标指向创建的图表，单击鼠标，选中图表。

Step 02 将鼠标移至图表各边中间的控制手柄上，当鼠标变成"⬌"状或"⬍"状时，拖动鼠标可以改变图表的宽度和高度，虚线框表示图表的大小，调整到合适位置后松开鼠标。

Step 03 将鼠标移至四角的控制手柄上，当鼠标变成"⬔"状或"⬕"状时拖动鼠标可以将图表等比放缩，虚线框表示图表的大小，调整到合适大小后松开鼠标，如图10-8所示。

动手做2 调整图表的位置

移动图表的位置非常简单，只需将鼠标移动到图表区的空白处，按下鼠标左键当鼠标变成"✥"形状时拖动鼠标，实线框表示图表的位置，当到达合适位置后松开鼠标即可。

Excel 2010图表和数据透视表的应用——制作库存统计图

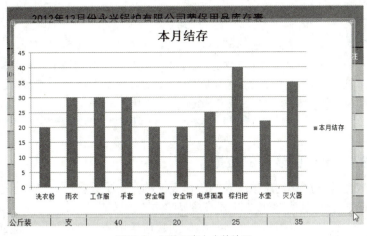

图10-8　调整图表大小的效果

动手做3　向图表中添加数据

图表建立后，根据需要还可以对图表中的数据进行添加、删除、修改等操作。由于图表中的数据和工作表中的数据是互相关联的，因此在修改工作表中的数据时，Excel 2010会自动在图表中做相应地更新。

用户可以利用鼠标拖动直接向嵌入式的图表中添加数据，这种方式适用于要添加的新数据区域与源数据区域相邻的情况。

例如，由于工作人员的疏忽，使得毛巾的库存记录忘记输入，因此需要在表中添加毛巾的库存记录，这时改变了工作表中的数据，因此就需要向图表中添加数据，具体操作步骤如下。

Step 01　在表的最后插入一行，输入毛巾的库存记录。
Step 02　单击插入的图表，将其选中在图表的数据周围出现蓝色、绿色、紫色框。
Step 03　将鼠标移到选定框右下角的选定柄上，当鼠标变为双向箭头时，拖动选定柄使源数据区域包含要添加的数据，选定后，新增加的数据就自动加入到图表中，如图10-9所示。

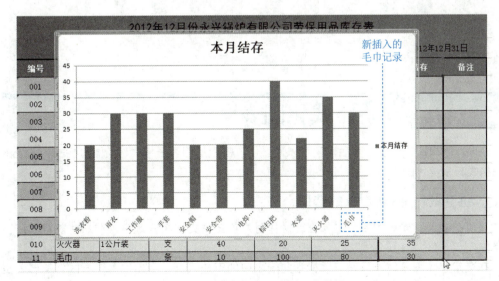

图10-9　用鼠标拖动向图表中添加数据

167

> **教你一招**
>
> 用户也可以首先将要添加的数据先进行复制，然后选中图表，在图表上单击鼠标右键，在打开的快捷菜单中选择"粘贴"命令，则数据被添加到图表中。这种方法对于添加任何数据区域的数据都是通用的，特别适用于要添加的新数据区域与源数据区域是不相邻的情况。

动手做4　更改图表中的数据

图表中的数值是链接在创建该图表的工作表上的。当更改其中一个数值时，另一个也会改变，更改图表中的数据可以直接在工作表单元格中更改数值。

例如，由于上面的图表中的"本月结存"的数值是由公式生成的，只能通过调整公式引用的一个数值来更改该数值。这里我们将工作服的本月出库由"100"改为"90"以更改图表中的数据，具体操作步骤如下。

Step 01 选中"工作服"的本月出库所在列的单元格"G6"。

Step 02 输入数据"90"。

Step 03 按"Enter"键，或单击编辑栏中的"输入"按钮 ✓ 即可更改单元格内容。此时"工作服"的本月结存发生变化，图表中的数值也随之发生变化，效果如图10-10所示。

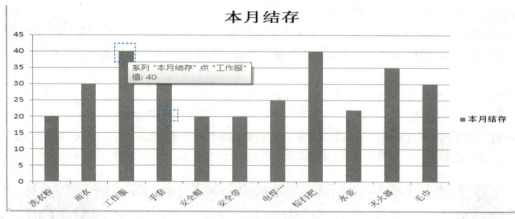

图10-10　更改数值后的效果

项目任务10-3　格式化图表

在Excel 2010中建立图表后，还可以通过修改图表的图表区格式、绘图区格式、图表的坐标轴格式等来美化图表。

动手做1　图表对象的选取

在对图表及图表中的各个对象进行操作时，用户首先应将其选中，然后才能对其进行编辑操作。

在选定整个图表时，只需将鼠标指向图表中的空白区域，当出现"图表区"的屏幕提示时单击鼠标即可将其选定。选定后整个图表四周出现八个句柄，此时就表示图表被选定。被选定之后用户就可以对整个图表进行移动、缩放等编辑操作了。

在选定图表中的对象时，用户也可以利用鼠标来进行选定，用户只需用鼠标直接单击要选定的图表对象即可。例如，要选定图表的标题对象，用户可以将鼠标指向图表标题文本，当出现"图表标题"的屏幕提示时单击鼠标即可选定图表标题，如图10-11所示。

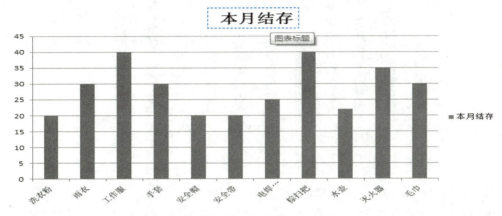

图10-11 选中图表对象

动手做2 设置图表区的格式

可以通过为图表区添加边框、设置图表中的字体、填充图案等来修饰图表。

例如，在库存表中设置"本月结存"图表区的格式，具体操作步骤如下。

Step 01 将鼠标指向图表的图表区，当出现"图表区"的屏幕提示时单击鼠标左键即可选定图表区。

Step 02 在"格式"选项卡下"形状样式"组中单击"形状填充"按钮，打开一个下拉列表，如图10-12所示。

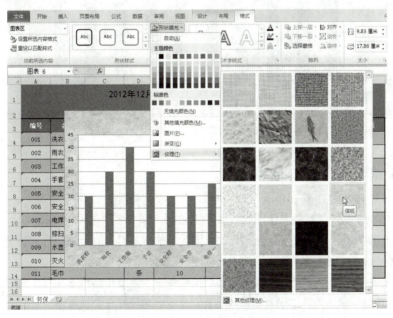

图10-12 "形状填充"列表

Step 03 在下拉列表的"纹理"子菜单中选择"信纸"，则设置填充信纸的效果如图10-13所示。

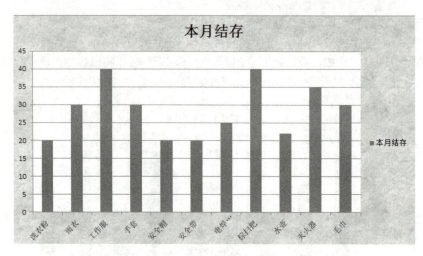

图10-13 设置纹理填充效果

Step 04 在"格式"选项卡下"形状样式"组中单击"形状轮廓"按钮,打开一个下拉列表。

Step 05 在"标准色"区域选择"蓝色",在"粗细"子菜单中选择"3磅",则设置图表区边框的效果如图10-14所示。

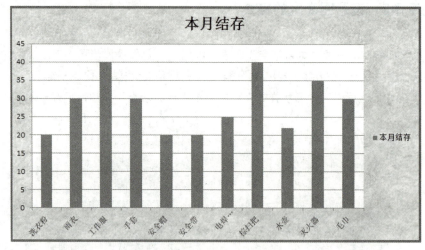

图10-14 设置图表区格式后的效果

动手做3 设置绘图区格式

在绘图区中,底纹在默认情况下为白色,可以根据需要对其进行更改。例如,在库存统计表中设置"本月结存"图表中绘图区设置填充效果,具体操作步骤如下。

Step 01 将鼠标指向图表的绘图区,当出现"绘图区"的屏幕提示时单击鼠标左键即可选定图表选中图表绘图区。

Step 02 在"布局"选项卡下"当前所选内容"组中单击"设置所选内容格式"或在绘图区上单击鼠标右键,在快捷菜单中选择"设置绘图区格式"命令,均可打开"设置绘图区格式"对话框。

Step 03 在对话框框左侧列表中选择"填充",在右侧的"填充"区域选择"渐变填充"单选按钮,显示出渐变填充的一些设置按钮。

Excel 2010图表和数据透视表的应用——制作库存统计图

图10-15 "设置绘图区格式"对话框

Step 04 单击"预设颜色"按钮,弹出一个下拉列表,这里选择"熊熊火焰",如图10-15所示。

Step 05 在"类型"下拉列表中选择"线性";在"方向"列表中选择"线性对角";在"角度"列表中设置角度为"135°"。

Step 06 在"渐变光圈"的颜色列表中选择"橙色",设置光圈1的结束为止为"100%"。

Step 07 单击"关闭"按钮,关闭"设置绘图区格式"对话框。设置绘图区格式的效果如图10-16所示。

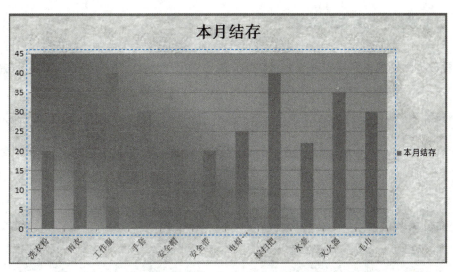

图10-16 设置绘图区格式后的效果

动手做4 设置图表标题格式

在图表区中的字体默认为"宋体、10、黑色",标题字体默认为"宋体、18、黑色",用户可以根据需要对其字体格式以及标题文本进行更改。

例如,这里为库存统计表中的"本月结存"图表标题设置字体格式,具体操作步骤如下。

Step 01 将鼠标指向图表标题,当出现"图表标题"的屏幕提示时单击鼠标左键即可选中"图表标题"对象。

Step 02 将鼠标定位在标题中,删除原来的标题"本月结存",然后输入新的标题"2012年12月份永兴锅炉有限公司劳保用品库存表"。

Step 03 按住鼠标左键拖动选中标题文本。

Step 04 单击开始选项卡下的"字体"组中的"颜色"下拉列表中选择"深蓝"。

设置图表标题字体格式的效果如图10-17所示。

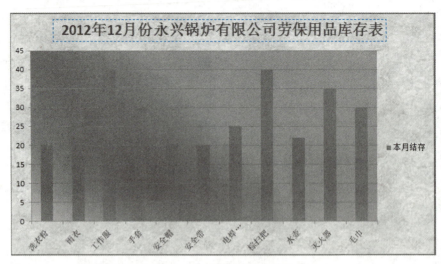

图10-17 设置图表标题的字体格式

动手做5　设置图例格式

如果设置图表对象的格式相对简单，用户可以在"布局"选项卡下快速进行设置。

如要设置图例的格式用户可以在"布局"选项卡的"标签"组中单击"图例"按钮打开一个下拉列表，如图10-18所示。

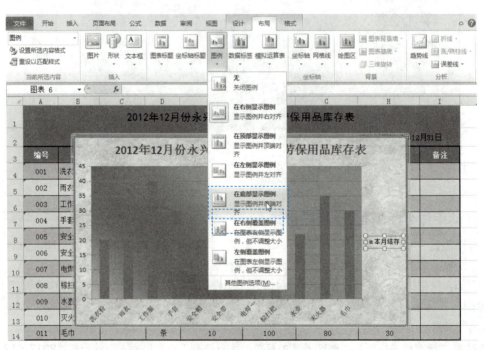

图10-18 设置图例格式

在列表中用户可以对图例的格式进行简单的设置，如这里选择"在底部显示图例"。选中图例，在"开始"选项卡下"字体"组中设置图例的"字体"为"黑体"，"字号"为"14"，则设置图例的效果如图10-19所示。

Excel 2010图表和数据透视表的应用——制作库存统计图 **模块 10**

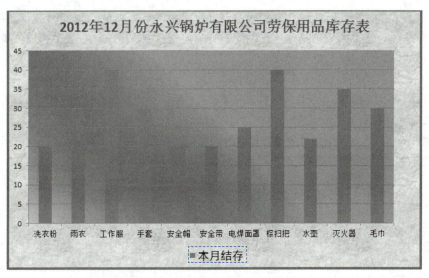

图10-19　设置图例后的效果

项目拓展——制作商品销售情况数据透视表

商品在市场的销售情况可以为公司的销售、进货等一系列活动提供指引，这里利用数据透视表来分析商品的销售情况。商品销售情况数据透视表的最终效果如图10-20所示。

设计思路

在制作公司日常费用表的过程中，首先应创建数据透视表，然后在数据透视表中对数据进行筛选，制作公司日常费用表的基本步骤可分解为：

Step 01　制作数据透视表；
Step 02　筛选数据。

求和项:数量	列标签								
行标签	海尔洗衣机	美的洗衣机	荣事达洗衣机	松下洗衣机	西门子洗衣机	小天鹅洗衣机	小鸭洗衣机	总计
滨河路家电城	980	680	560			650	850	3720
荷花家电城	680		700	280	540	340	566	3106
佳海家电城	500	650	566			280	550	2546
交通家电城	280		320	450	566	255	450	2321
蓝翔家电城	860	850	540			560	650	3460
郑家桥家电桥	240		650	300	260	550	380	2380
总计	3540	2180	3336	1030	1366	2635	3446	17533

图10-20　商品销售情况数据透视表

动手做1　制作数据透视表

数据透视表是一种对大量的数据快速汇总和建立交叉列表的交互式表格，通过数据透视表用户可以更加容易地对数据进行分类汇总和数据的筛选，可以有效、灵活地将各种以流水方式记录的数据，在重新进行组合与添加算法的过程中，快速地进行各种目标的统计和分析。

173

数据透视表的功能很强大，但创建过程却非常简单，基本上是Excel 2010自动完成，用户只需在"创建数据透视表"中指定用于创建的原始数据区域、数据透视表的存放位置，并指定页字段、行字段、列字段和数据字段即可。

制作商品销售情况表数据透视表的步骤如下。

Step 01 打开"案例与素材\模块十"文件夹中名称为"商品销售数据透视表（初始文件）"文件。

Step 02 选中单元格区域"B6:D39"。

Step 03 单击"插入"选项卡下"表格"组中的"数据透视表"按钮，在下拉列表中选择"数据透视表"命令，打开"创建数据透视表"对话框，如图10-21所示。

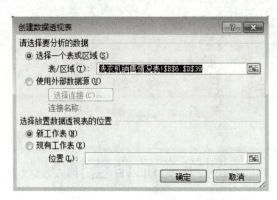

图10-21 "创建数据透视表"对话框

Step 04 在"选择一个表或区域"查看创建数据透视表的区域是否正确，如果不正确单击右侧的折叠按钮，在工作表中选择要建立数据透视表的数据源区域，在"选择放置数据透视表的位置"选择"新工作表"单选按钮，单击"确定"按钮，打开如图10-22所示的新工作表。

Step 05 在右侧的"数据透视表字段列表"中选中"经销商"字段，然后在"经销商"字段上单击鼠标右键，在快捷菜单中选择"添加到行标签"命令。

Step 06 在右侧的"数据透视表字段列表"中选中"品牌"字段，然后在"品牌"字段上单击鼠标右键，在快捷菜单中选择"添加到列标签"命令。

图10-22 创建的新工作表

Excel 2010图表和数据透视表的应用——制作库存统计图 10

Step 07 在右侧的"数据透视表字段列表"中选中"数量"字段,然后在"数量"字段上单击鼠标右键,在快捷菜单中选择"添加到值"命令。创建的数据透视表如图10-23所示。

求和项:数量	列标签							
行标签	海尔洗衣机	美的洗衣机	荣事达洗衣机	松下洗衣机	西门子洗衣机	小天鹅洗衣机	小鸭洗衣机	总计
滨河路家电城	980	680	560			650	850	3720
荷花家电城	680		700	280	540	340	566	3106
佳海家电城	500	650	566			280	550	2546
交通家电城	280		320	450	566	255	450	2321
蓝翔家电城	860	850	540			560	650	3460
郑家桥家电桥	240		650	300	260	550	380	2380
总计	3540	2180	3336	1030	1366	2635	3446	17533

图10-23 创建数据透视表的效果

动手做2 筛选数据

创建数据透视表后使用数据透视表中的页字段、行字段和列字段,用户可以很方便地筛选出要求的数据,以便快速地查阅数据。

例如,现在我们仅想查看"海尔洗衣机"、"美的洗衣机"和"松下洗衣机"三个洗衣机的销量,具体步骤如下。

Step 01 在数据透视表中单击"列标签"后的下三角箭头,打开一个下拉列表。

Step 02 在打开的下拉列表中,取消"全选"的选中状态,然后仅选择"海尔洗衣机"、"美的洗衣机"和"松下洗衣机",如图10-24所示。

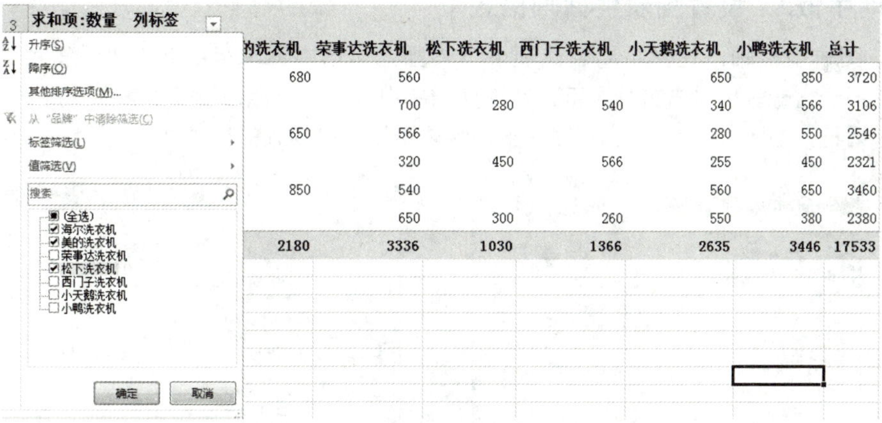

图10-24 筛选品牌

Step 03 单击"确定"按钮。筛选后的效果如图10-25所示。

求和项:数量	列标签			
行标签	海尔洗衣机	美的洗衣机	松下洗衣机	总计
滨河路家电城	980	680		1660
荷花家电城	680		280	960
佳海家电城	500	650		1150
交通家电城	280		450	730
蓝翔家电城	860	850		1710
郑家桥家电桥	240		300	540
总计	3540	2180	1030	6750

图10-25 筛选后的效果

知识拓展

通过前面的任务主要学习了创建图表、调整图表的大小和位置、设置图表区的格式、设置绘图区格式、设置图表标题格式、设置图例格式、创建数据透视表、在数据透视表中筛选数据等操作，另外还有一些关于图表和数据透视表的操作在前面的任务中没有运用到，下面就介绍一下。

动手做1　移动图表的位置

在创建图表后用户还可以移动图表的位置，首先选中图表，然后在"设计"选项卡的"位置"组中单击"移动图表"按钮，则打开"移动图表"对话框，如图10-26所示。在对话框中用户可以选择是将图表移动到的位置，选择"新工作表"则创建一个图表工作表；选择"对象位于"则可以移动到工作簿的现有工作表中。

图10-26　"移动图表"对话框

动手做2　设置图表数据系列格式

选中图表数据系列，在"布局"选项卡下"当前所选内容"组中单击"设置所选内容格式"或在图表数据系列上单击鼠标右键，在快捷菜单中选择"数据系列格式"命令，打开"数据系列格式"对话框，如图10-27所示。在对话框中用户可以对数据系列的格式进行设置。

动手做3　设置图表坐标轴格式

选中图表坐标轴，在"布局"选项卡下"当前所选内容"组中单击"设置所选内容格式"或在图表坐标轴上单击鼠标右键，在快捷菜单中选择"坐标轴格式"命令，打开"坐标轴格式"对话框，如图10-28所示。在对话框中用户可以对坐标轴的格式进行设置。

图10-27　"设置数据系列格式"对话框

图10-28　"设置坐标轴格式"对话框

动手做4　更改透视表中的数据

创建好数据透视表，用户还可以对数据透视表中的数据进行更改。由于数据透视表是基于数据清单的，它与数据清单是链接关系，因此在改变透视表中的数据时，必须要在数据清单中进行，而不能直接在数据透视表中进行更改。

在工作表中直接对单元格中的数据进行修改，修改完成后切换到需要更新的数据透视表中，在"数据透视表工具"的"选项"选项卡下的"数据"组中单击"刷新"按钮在下拉列表中选择"全部刷新"命令，此时可看到当前数据透视表闪动一下，数据透视表中的数据将自动被更新。

动手做5 添加和删除数据字段

当数据透视表建立完成后，由于有的数据项没有被添加到数据透视表中，或者数据透视表中的某些数据项无用，还需要再次向数据透视表中添加或删除一些数据记录。此时用户可以根据需要随时向数据透视表中添加或删除字段，步骤如下。

Step 01 单击数据透视表中数据区域的任意单元格，在工作表的右侧将显示出数据透视表字段列表。

Step 02 在"数据透视表字段列表"中选择要添加的字段，然后直接将字段拖到"在以下区域间拖动字段"区域中需要添加到的区域。

Step 03 如果用户要删除数据透视表中的数据记录，可在"在以下区域间拖动字段"区域中先选定要删除的数据记录，然后拖动到"数据透视表字段列表"中。

动手做6 更改汇总方式

在Excel 2010的数据透视表中，系统提供了多种汇总方式，包括求和、计数、平均值、最大值、最小值、乘积、数值计数等，用户可以根据需要选择不同的汇总方式来进行数据的汇总。在数据透视表的中选中数据区域的任意单元格，然后在"选项"选项卡的"活动字段"组中单击"字段设置"按钮，打开"字段设置"对话框，在"计算类型"列表中选择计算方式，如图10-29所示。

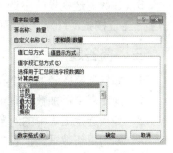

图10-29 "值字段设置"对话框

课后练习与指导

一、选择题

1. 关于创建图表下列说法正确的是（　　）。
   A．在创建图表后用户还可以更改图表类型
   B．创建图表后用户可以将其移到另外的一个工作表中
   C．在创建图表后用户不能向图表中添加记录
   D．在创建图表后用户不能更改图表中的数据

2. 关于图表的格式化下列说法错误的是（　　）。
   A．用户可以设置图表区的边框样式和颜色
   B．用户不但可以设置图例的位置，还可以设置图例的文本格式
   C．用户只能对图表标题的文本格式进行设置，不能调整标题的位置
   D．设置绘图区的格式会影响数据系列的格式

3. 关于数据透视表下列说法错误的是（　　）。
   A．在数据透视表中用户只可以在列字段进行筛选数据
   B．创建数据透视表后，如果用户在工作表中直接对单元格中的数据进行修改，那么

数据透视表中引用该单元格的数据将会自动更新
C．用户可以更改数据透视表的汇总方式
D．数据透视表在创建后用户不能随意添加或删除字段

二、填空题

1．根据图表显示位置的不同，建立图表的方式有_____和_____两种。
2．单击_____选项卡下"图表"组右下角的"对话框启动器"，打开_____对话框。
3．用户在选中图表区域后在_____选项卡的_____组中单击"设置所选内容格式"按钮可打开"设置图表区域格式"对话框。
4．如要设置图例的格式用户可以在_____选项卡的_____组中单击"图例"按钮。
5．单击_____选项卡下_____组中的"数据透视表"按钮，打开"创建数据透视表"对话框。
6．在_____选项卡的_____组中单击"移动图表"按钮，则打开"移动图表"对话框。
7．数据透视表是一种对大量的_____和_____的交互式表格。
8．在数据透视表的中选中数据区域的任意单元格，然后在_____选项卡的_____组中单击_____按钮，打开"字段设置"对话框，在"计算类型"列表中用户可以选择汇总方式。

三、简答题

1．如何调整图表的大小和位置？
2．向图表中添加数据有哪几种方法？
3．如何选定图表中的对象？
4．如何更新数据透视表中的数据？
5．如何在数据透视表中添加和删除字段？
6．在图表中如何设置图例的位置？

四、实践题

在工作表中创建一个如图10-30所示的图表。
1．图表类型为分离型三维饼图图表。
2．显示数值和百分比。
素材位置：案例与素材\模块十\素材\图书销售情况（初始）。
效果位置：案例与素材\模块十\源文件\图书销售情况。

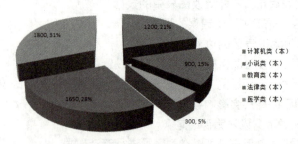

图10-30　三维饼图图表

Word 2010、Excel 2010、PowerPoint 2010案例教程

模块 11 幻灯片的制作——制作产品推广方案演示文稿

你知道吗？

PowerPoint 2010是制作演示文稿的软件，能够把所要表达的信息组织在一组图文并茂的画面中。利用PowerPoint 2010创建的演示文稿可以通过不同的方式播放，可以将演示文稿打印、制作成幻灯胶片，使用投影仪播放；也可以在计算机上直接连接投影仪进行演示，并且可以加上动画、特技效果和声音等多媒体效果，使人们的创意发挥得更加淋漓尽致。

应用场景

人们平常所见到的公司营销分析等幻灯片，如图11-1所示，这些都可以利用PowerPoint 2010软件来制作。

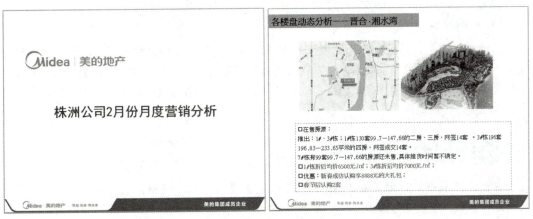

图11-1　司营销分析幻灯片

某公司推出了一款新产品，为了保障新产品迅速地被目标消费群所接受，也为了新产品在众多竞品中能脱颖而出，公司决定在某地区进行产品的推广活动，为了能使推广活动达到预期效果，策划人员使用PowerPoint制作了一个推广方案让公司管理层审核。

如图11-2所示就是公司利用PowerPoint 2010制作的产品推广方案幻灯片，请读者根据本模块所介绍的知识和技能，完成这一工作任务。

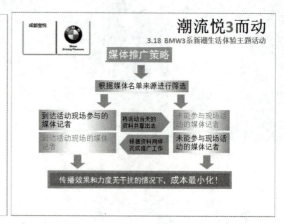

图11-2　产品推广方案

相关文件模板

利用PowerPoint 2010还可以完成大学工作总结、工作报告、公司年度总结、讲座、教学课件、培训班课件、述职报告、古韵模板、茶韵味模板、教育业模板等工作任务。

为方便读者，本书在配套的资料包中提供了部分常用的文件模板，具体文件路径如图11-3所示。

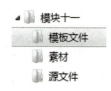

图11-3　应用文件模板

背景知识

所谓市场推广，是指企业为扩大产品市场份额，提高产品销量和知名度，而将有关产品或服务的信息传递给目标消费者，激发和强化其购买动机，并促使这种购买动机转化为实际购买行为而采取的一系列措施。市场推广的方式主要有：新闻发布会、广告、营业推广、公关推广、人员推广、活动推广等。

设计思路

在制作产品推广方案演示文稿的过程中，首先要创建演示文稿，然后对演示文稿中的幻灯片进行编辑，最后保存演示文稿，制作产品推广方案演示文稿的基本步骤可分解为：

Step 01　创建演示文稿；
Step 02　编辑幻灯片的文本；
Step 03　丰富幻灯片页面效果；
Step 04　幻灯片的编辑；
Step 05　保存与关闭演示文稿。

项目任务11-1　创建演示文稿

演示文稿是通过PowerPoint 2010程序创建的文档，在PowerPoint 2010中可以创建出许多个文档，它们都可以被称为演示文稿，PowerPoint 2010文档就是以这种方式保存的，它就好像在Excel中创建的工作簿一样。在制作演示文稿时用户应首先创建一个新的演示文稿，可以根据自己的对PowerPoint 2010的熟练程度选用不同的方法创建演示文稿。

动手做1　新建空白演示文稿

当启动PowerPoint 2010时系统会自动创建一个空白演示文稿。单击"开始"按钮，打开"开始"菜单，在"开始"菜单中执行"Microsoft Office"→"Microsoft Office PowerPoint 2010"命令，即可启动Power Point 2010。

启动PowerPoint2010以后，会自动生成一个新的空白演示文稿，并自动命名为"演示文稿1"，如图11-4所示。

在演示文稿工作环境中如果用户要创建新的空白演示文稿，最简单的方法就是直接单击"自定义快速访问工具栏"上的"新建"按钮，则新建的工作簿依次被暂时命名为"演示文稿2、演示文稿3、演示文稿4……"。

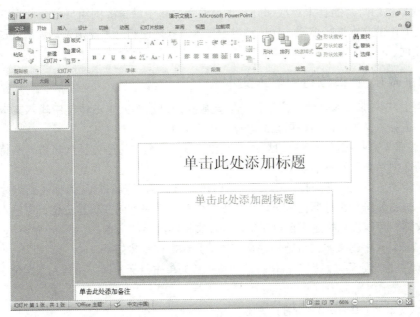

图11-4　新创建的演示文稿

动手做2　了解PowerPoint 2010的工作界面

PowerPoint 2010的工作界面主要包括"Office"按钮、快速访问工具栏、标题栏、功能选项卡、功能区、"幻灯片编辑"窗口、"备注"窗格、"大纲/幻灯片"窗格、状态栏和视图栏。在PowerPoint 2010的工作界面中除了增加"幻灯片编辑"窗口、"备注"窗格、"大纲/幻灯片视图"窗格以外，其他的组成部分与Word 2010的相同。

1．"幻灯片编辑"窗口

"幻灯片编辑"窗口位于工作界面的中间，在"幻灯片编辑"窗口可以对幻灯片进行编辑修改，幻灯片是演示文稿的核心部分。可以在幻灯片区域对幻灯片进行详细的设置。例如，编辑幻灯片的标题和文本、插入图片、绘制图形以及插入组织结构图等。

2．"大纲/幻灯片"窗格

"大纲/幻灯片"窗格位于窗口的左侧，用于显示演示文稿的幻灯片数量及播放位置，通过它便于查看演示文稿的结构，包括"大纲"和"幻灯片"两个选项卡。

单击"大纲"选项卡则会显示大纲区域,在该区域显示了幻灯片的标题和主要的文本信息。大纲文本是由每张幻灯片的标题和正文组成,每张幻灯片的标题都出现在数字编号和图标的旁边,每一级标题都是左对齐,下一级标题自动缩进。在大纲区中,可以使用"大纲"工具栏中的按钮来控制演示文稿的结构,在大纲区适合组织和创建演示文稿的文本内容。

单击"幻灯片"选项卡则会在此区域显示所有幻灯片的缩略图,单击某一个缩略图在右面的幻灯片区将会显示相应的幻灯片。

3."备注"窗格

"备注"窗格位于窗口的下方,可以在该区域编辑幻灯片的说明,一般由演示文稿的报告人提供。

项目任务11-2 编辑幻灯片中的文本

文本对象是幻灯片的基本组成部分,也是演示文稿中最重要的组成部分。用户可以根据需要对幻灯片中的文本进行编辑,合理地组织文本对象,使幻灯片能清楚地说明问题,增强幻灯片的可读性。

动手做1 在占位符中输入文本

在幻灯片中添加文本有两种方法,可以直接在幻灯片的文本占位符中输入文本,也可以在幻灯片中先插入文本框,然后再在文本框中输入文本。

"占位符"是指在新创建的幻灯片中出现的虚线方框,这些方框代表着一些待确定的对象,占位符是对待确定对象的说明。

例如,创建一个新的空白演示文稿,新演示文稿的第一张幻灯片为标题幻灯片,在该幻灯片中有标题占位符和副标题占位符两个文本占位符。用户可以在标题占位符中输入该演示文稿的标题文本,可以在副标题占位符中输入演示文稿的副标题文本。

在标题幻灯片中的文本占位符中输入文本的具体操作步骤如下。

Step 01 在"单击此处添加标题"占位符的任意位置处单击鼠标左键,将插入点定位在标题占位符中。

Step 02 输入文本"宝马汽车3系列推广方案"。

Step 03 在幻灯片的任意空白处单击鼠标,结束文本的添加。

Step 04 在"单击此处添加副标题"占位符的任意位置处单击鼠标左键,输入文本"成都宝悦BMW3系"。

添加标题文本和副标题文本的标题幻灯片如图11-5所示。

图11-5 在标题占位符中输入文本

动手做2　在文本框中输入文本

如果要在文本占位符以外的位置处添加文本，可以利用文本框进行添加。

例如，要在第1张幻灯片中要在文本占位符以外的位置输入文本，具体操作步骤如下。

Step 01　单击"插入"选项卡下"文本"组中的"文本框"按钮，打开一下拉菜单。

Step 02　在下拉菜单中选择"横排文本框"按钮，此时鼠标指针变成"↓"形状，拖动鼠标在幻灯片中绘制出文本框。

Step 03　在文本框中输入相应的文本，调整文本框位置和大小，效果如图11-6所示。

图11-6　添加文本框后的效果

动手做3　添加幻灯片

演示文稿的第1张幻灯片内容输入完成后，用户可以继续创建新的幻灯片并输入相应内容。在"开始"选项卡下"幻灯片"组中单击"新建幻灯片"按钮右侧的下三角箭头，打开一个下拉列表，如图11-7所示。

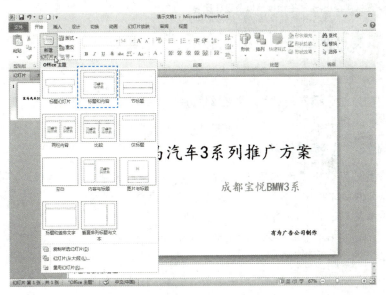

图11-7　"新建幻灯片"下拉列表

在列表中用户选择不同版式，即可在当前幻灯片的下方插入一张新的幻灯片。例如，这里选择"标题和内容"，则在第一张幻灯片下插入一张含有"标题"和"内容"占位符的幻灯片，如图11-8所示。

图11-8 新插入的幻灯片

单击"单击此处添加标题"占位符,然后输入第2张幻灯片的标题,单击"内容"占位符,然后输入第2张幻灯片的内容,效果如图11-9所示。

图11-9 设置第2张幻灯片的效果

按照相同的方法,插入幻灯片,并在幻灯片中输入相应的标题和文本,制作"产品推广方案"幻灯片。

动手做4 设置字体格式

如果要设置的字体格式比较简单,可以利用"开始"选项卡下"字体"组中的按钮进行设置,对于复杂的字体格式设置可以使用"字体"对话框进行设置。

例如,设置第1张幻灯片的字体格式,具体操作步骤如下。

Step 01 在左边的窗格中单击第1张幻灯片的缩略图,切换第1张幻灯片为当前幻灯片,选中标题占位符中的文本。

Step 02 在"开始"选项卡下"字体"组中单击"字体"按钮,在下拉列表中选择"楷体";单击"字号"按钮,在下拉列表中选择"66"字号;单击"加粗"按钮,加粗文本。

Step 03 选中副标题占位符中的文本。

Step 04 在"开始"选项卡下"字体"组中单击"字体"按钮,在下拉列表中选择"楷体";单击"字号"按钮,在下拉列表中选择"36"字号;单击"加粗"按钮,加粗文本。

Step 05 选中插入的文本框中的文本。

Step 06 在"开始"选项卡下"字体"组中单击"字体"按钮,在下拉列表中选择"楷体";单击"字号"按钮,在下拉列表中选择"18"字号;单击"加粗"按钮,加粗文本。

设置字体格式后的效果如图11-10所示。

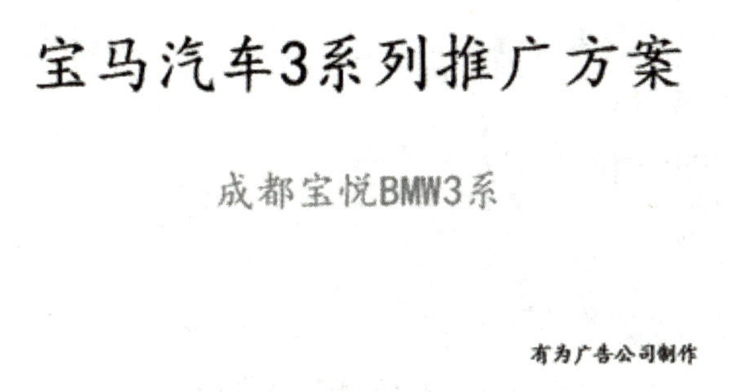

宝马汽车3系列推广方案

成都宝悦BMW3系

有为广告公司制作

图11-10 设置字体格式后的效果

提示

如果用户设置的字体格式比较复杂,可以在对话框中进行设置,单击"开始"选项卡下"字体"组右下角的"对话框启动器"按钮,打开"字体"对话框,在对话框中用户可以进行详细的设置,如图11-11所示。

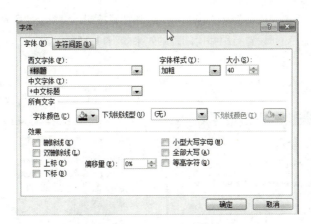

图11-11 "字体"对话框

动手做5 设置段落水平对齐

在默认情况下,在占位符中输入的文本会根据情况自动设置对齐方式。在标题和副标题占位符中输入的文本会自动居中对齐,在插入的文本框中输入的文本会自动左对齐。

用户可以利用"段落"组中的按钮设置段落的水平对齐方式。首先选中要设置水平对齐的段落,然后根据版式需要利用"段落"组中的"左对齐"、"居中对齐"和"右对齐"按钮设置段落的水平对齐即可。

例如，将第2张幻灯片中的标题设置为"右对齐"，先将鼠标定位在标题段落中，然后单击"开始"选项卡下"段落"组中的"右对齐"按钮即可，效果如图11-12所示。

图11-12 标题设置右对齐

动手做6 设置行距和段间距

可以更改段落的行距或者段落之间的距离来增强文本对象的可读性。例如，要设置第2张幻灯片中文本占位符中"活动内容"下面文本的行距和段间距，具体操作步骤如下。

Step 01 切换第2张幻灯片为当前幻灯片，选中幻灯片中的正文文本。

Step 02 单击"开始"选项卡下"段落"组右下角的"对话框启动器"按钮，打开"段落"对话框，如图11-13所示。

Step 03 在"行距"下面的下拉列表中选择"1.5倍行距"。

Step 04 单击"间距"下的"段前"和"段后"后面的增减按钮，设置为"6磅"。

Step 05 单击"确定"按钮，设置行距和段间距的效果如图11-14所示。

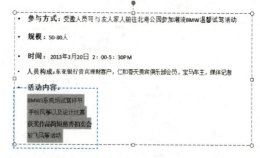

图11-13 行距和段间距设置方式　　　　图11-14 设置行距和段间距后的效果

动手做7 设置项目符号

默认情况下，在正文文本占位符中输入的文本会自动添加项目符号。为了使项目符号更加新颖，用户可以在"项目符号和编号"对话框中根据需要对其进行更改。

例如，对第2张幻灯片正文文本的项目符号进行修改，具体操作步骤如下。

Step 01 切换第2张幻灯片为当前幻灯片。

Step 02 选定含有项目符号的段落。

Step 03 在"开始"选项卡下"段落"组中单击"项目符号"按钮右侧的下三角箭头,打开一个下拉列表。在下拉列表中选择"项目符号和编号"命令,打开"项目符号和编号"对话框,如图11-15所示。

Step 04 单击"颜色"文本框右侧的下三角箭头在下拉列表中选择项目符号的颜色,这里选择颜色为"红色"。

Step 05 在"项目符号"选择区域中选择一种样式,单击"确定"按钮,设置项目符号后的效果如图11-16所示。

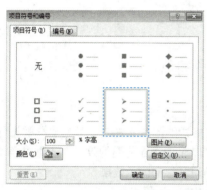

图11-15 "项目符号和编号"对话框

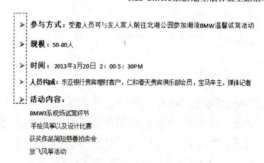

图11-16 设置项目符号后的效果

项目任务11-3 丰富幻灯片页面效果

为了使演示文稿获得丰富的页面效果,还可以在幻灯片中采用插入艺术字、插入图片、绘制自选图形、插入表格或者插入组织结构图等方法来修饰页面。

动手做1 在幻灯片中应用艺术字

使用系统提供的艺术字功能,可以创建出各种各样的艺术文字效果。艺术字用于突出某些文字,艺术字的功能丰富了幻灯片的页面效果。在幻灯片中应用艺术字能够使幻灯片更加美观,实现意想不到的效果。

例如,在制作产品推广方案幻灯片时,用户可以在第1张幻灯片中添加艺术字,具体步骤如下。

Step 01 切换第1张幻灯片为当前幻灯片。

Step 02 单击"插入"选项卡下"文本"组中的"艺术字"按钮,打开一下列表,如图11-17所示。

Step 03 在下拉菜单中选择一种样式,这里选择"第4行第5列"的样式,在幻灯片中会打开一个"艺术字编辑框",提示用户输入艺术字文本。

Step 04 在"艺术字编辑框"中输入"潮流悦3而动",选中插入的艺术字,单击"开始"选项卡,在"字体"下拉列表中选择"楷体",单击"字体"选项组中的"加粗"和"文字阴影"按钮。

Step 05 选中艺术字中的"3"字,单击"字体"选项组中"文字颜色"按钮,在"文字颜色"下拉列表中选择"红色"。

Step 06 在艺术字编辑框上单击鼠标左键选中艺术字,然后利用鼠标拖动调整艺术字的位置,则艺术字的效果如图11-18所示。

图11-17 "艺术字"下拉列表　　　　　　　　图11-18 插入艺术字的效果

动手做2　在幻灯片中应用图片

在PowerPoint 2010中允许用户在文档中导入多种格式的图片文件,图片是一种视觉化的语言,对于一些抽象的东西如果使用图片来表达的话可以起到浅显易懂的效果,还可以避免观众因面对单调的文字和数据而产生厌烦的心理,丰富了幻灯片的演示效果。

例如,在第1张幻灯片中插入来自文件的图片,具体操作步骤如下。

Step 01 切换第1张幻灯片为当前幻灯片。

Step 02 单击"插入"选项卡下"图像"组中的"图片"按钮,打开"插入图片"对话框,如图11-19所示。

Step 03 首先选择要插入图片的位置,然后选中要插入的图片,单击"插入"按钮将图片插入到幻灯片中。

Step 04 用鼠标拖动适当调整图片的位置和大小,效果如图11-20所示。

图11-19 "插入图片"对话框　　　　　　　　图11-20 插入图片的效果

动手做3　在幻灯片中应用自选图形

用户利用"开始"选项卡下"插图"选项组的"形状"按钮,可以方便地在指定的区域绘制不同的自选图形,这一绘图功能可以完成简单的原理示意图、流程图、组织结构图等。

例如,在推广方案幻灯片中绘制自选图形,具体操作步骤如下。

Step 01 切换到第3张幻灯片为当前幻灯片。

Step 02 单击"插入"选项卡下"插图"选项组中的"形状"按钮,打开一个下拉列表菜单。

Step 03 在下拉菜单的"矩形"区域选择"矩形",拖动鼠标,在幻灯片合适的位置绘制出一个矩形自选图形,如图11-21所示。

图11-21 绘制矩形

图11-22 设置填充效果

Step 04 选中绘制的图形,单击"格式"选项卡下"形状样式"右侧的"对话框启动器"按钮,打开"设置形状格式"对话框,在左侧的列表中单击"填充",在右侧的"填充"区域选中"纯色填充"按钮,在"填充颜色"下拉列表中选择"红色",设置"透明度"为"50%",如图11-22所示。

Step 05 在左侧的列表中单击"线条颜色",在右侧的"线条颜色"区域选中"无线条"选项,如图11-23所示,单击"关闭"按钮。

Step 06 在绘制的自选图形上单击鼠标右键,在快捷菜单中选择"编辑文字"命令,然后在绘制的矩形中输入文本"媒体推广策略",效果如11-24所示。

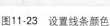
图11-23 设置线条颜色　　　　　　　　图11-24 在自选图形中输入文本

按照相同的方法在幻灯片中绘制其他图形,设置填充颜色并输入相应文本,效果如图11-25所示。

动手做4 在幻灯片中应用表格

在幻灯片中应用表格,用数据说明问题,可以增强幻灯片的说服力。幻灯片中的表格采用数字化的形式,更能体现内容的准确性。表格易于表达逻辑性、抽象性强的内容,并且可以使幻灯片的结构更加突出，使表达的主题一目了然。

在幻灯片中插入表格的具体操作步骤如下。

Step 01 切换第4张幻灯片为当前幻灯片，单击"插入"选项卡下"表格"组中的"表格"按钮，在打开的下拉列表中选择"插入表格"选项，打开"插入表格"对话框，如图11-26所示。

Step 02 在"插入表格"对话框中的"列数"后的文本框中输入"5"，"行数"后的文本框中输入"10"。

Step 03 单击"确定"按钮，插入表格后的效果如图11-27所示。

Step 04 向表格中添加文本，并用鼠标调整表格的大小和位置，添加表格的最后效果如图11-28所示。

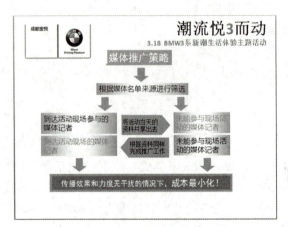

图11-25　利用自选图形绘制图　　　　图11-26　"插入表格"对话框

图11-27　插入表格的效果　　　　图11-28　应用表格后的最终效果

项目任务11-4　幻灯片的编辑

在演示文稿中不但可以对幻灯片中的文本、占位符等对象进行编辑，还可以添加新的幻灯片，移动幻灯片的位置，删除不需要的幻灯片等。

动手做1　移动幻灯片

用户可以根据需要适当调整幻灯片的位置，使演示文稿的条理性更强。

例如，移动第6张幻灯片到第5张幻灯片的前面，具体操作步骤如下。

Step 01 在"幻灯片"选项卡中单击选中序号为"6"的幻灯片，按住鼠标左键拖动，鼠标指针由箭头状变为" "形状，同时显示一条白线表示移动的目标位置，如图11-29所示。

Step 02 当虚线出现在第5张幻灯片的前面时松开鼠标完成幻灯片的移动。

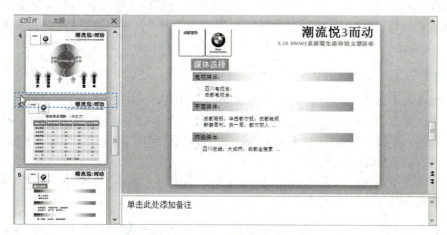

图11-29 移动幻灯片

动手做2 删除幻灯片

在制作演示文稿的过程中还可以删除多余的幻灯片。在"幻灯片"选项卡中单击选中要删除的幻灯片，按键盘上的"Delete"键即可将幻灯片删除。右键单击"开始"选项卡"幻灯片"组中的"删除幻灯片"命令也可删除当前幻灯片。

项目任务11-5 演示文稿的视图方式

视图是PowerPoint 2010中制作演示文稿的工作环境。PowerPoint 2010能够以不同的视图方式显示演示文稿的内容，使演示文稿更易于浏览、编辑。PowerPoint 2010提供了多种基本的视图方式，如普通视图、幻灯片浏览视图、备注页视图、幻灯片放映视图。

每种视图都包含特定的工作区、菜单命令、按钮和工具栏等组件。每种视图都有自己特定的显示方式和编辑加工特色，在一种视图中的对演示文稿的修改和加工会自动反映在该演示文稿的其他视图中。

动手做1 普通视图

普通视图是进入PowerPoint 2010后的默认视图，普通视图将窗口分为3个工作区，也可称为三区式显示。在窗口的左侧包括"大纲"选项卡和"幻灯片"选项卡，使用它们可以切换到大纲区和幻灯片缩略图区。普通视图将幻灯片、大纲和备注页三个工作区集成到一个视图中，大纲区用于显示幻灯片的大纲内容；幻灯片区用于显示幻灯片的效果，对单张幻灯片的编辑主要在这里进行；备注区用于输入演讲者的备注信息。

在普通视图中，只可看到一张幻灯片，如果要显示所需的幻灯片，可以选择下面几种方法之一进行操作。

- 直接拖动垂直滚动条上的滚动块，移动到所需的幻灯片时，松开鼠标左键即可切换到该幻灯片中。

- 单击垂直滚动条中的"▲"按钮，可切换到当前幻灯片的上一张；单击垂直滚动条中的"▼"按钮，可切换到当前幻灯片的下一张。
- 按"Page Up"键可切换到当前幻灯片的上一张；按"Page Down"键可切换到当前幻灯片的下一张；按"Home"键可切换到第一张幻灯片；按"End"键切换到最后一张幻灯片。

如果要切换到普通视图，单击"视图"选项卡下"演示文稿视图"组中的"普通视图"按钮即可。

动手做2　大纲视图

大纲视图其实是普通视图的一种。PowerPoint 2010的大纲视图位于工作环境的左侧大纲编辑区，由一些不同级别的标题构成，还可以显示幻灯片文本的具体内容以及文本的格式等。借助大纲视图，有利于理清演示文稿的结构，便于总体设计。在演示幻灯片时，也可以采用大纲视图，能帮助观众迅速抓住主题。

例如，显示产品推广方案的大纲视图，如图11-30所示，单击"大纲/幻灯片窗格"中的"大纲"选项即可。

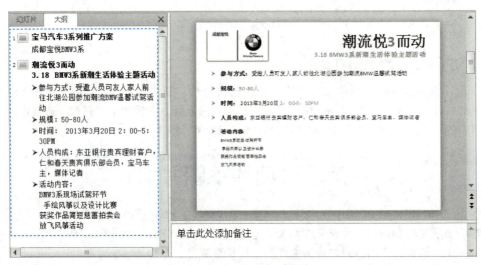

图11-30　大纲视图

用户可以利用大纲视图快速输入幻灯片的文本，在大纲视图中单击"▣"图标右侧，输入文本，为一级大纲文本。按"Enter"键，则新建了一张幻灯片，再次输入文本，仍为一级大纲文本。如果在输入一级大纲文本后需要输入下一级的文本，则可以按组合键"Ctrl+Enter"，然后再输文本。如果输入的不是一级标题文本，按"Enter"键后则继续输入相同级别的文本。

动手做3　幻灯片浏览视图

在幻灯片浏览视图中，可以看到整个演示文稿的内容。在幻灯片浏览视图中不仅可以了解整个演示文稿的大致外观，还可以轻松地按顺序组织幻灯片，插入、删除或移动幻灯片、设置幻灯片放映方式、设置动画特效以及设置排练时间等。

幻灯片浏览视图的效果如图11-31所示。如果要切换到幻灯片浏览视图，单击"视图"选项卡下"演示文稿视图"组中的"幻灯片浏览"按钮。

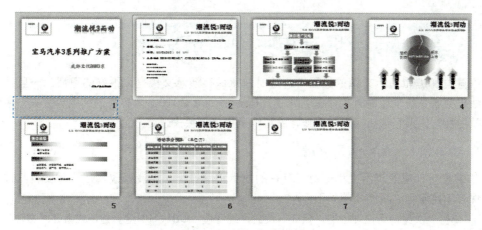

图11-31　幻灯片浏览视图

动手做4　幻灯片放映视图

制作幻灯片的目的是放映幻灯片，在计算机上放映幻灯片时，幻灯片在计算机屏幕上呈现全屏外观。

如果用户制作幻灯片的目的是最终输出用于屏幕上演示幻灯片，使用幻灯片放映视图就特别有用。当然，在放映幻灯片时，还可以加入许多特效，使得演示过程更加有趣。要切换到幻灯片放映视图，单击"幻灯片放映"选项卡下"开始放映幻灯片"组中的"从头开始"或"从当前幻灯片开始"按钮。

动手做5　备注页视图

单击"视图"选项卡下"演示文稿视图"组中的"备注页"按钮，进入备注页视图，在该模式下将以整页格式查看和使用备注，如图11-32所示。

图11-32　备注页视图

项目任务11-6　保存与关闭演示文稿

在建立和编辑演示文稿的过程中，随时注意保存演示文稿是个很好的习惯。一旦计算机突然断电或者系统发生意外而不是正常退出PowerPoint 2010，内存中的结果会丢失，所做的工作就白费。如果经常执行保存操作，就可以避免成果丢失了。

动手做1　保存演示文稿

如果是新创建的演示文稿或对已存在的演示文稿进行了编辑修改，用户都要将其进行保存。保存新建演示文稿的步骤如下：

Step 01 单击"快速访问栏"上的"保存"按钮，或者按"Ctrl+S"组合键，或者在"文件"选项卡下选择"保存"选项，打开"另存为"对话框，如图11-33所示。

Step 02 选择合适的文件保存位置，这里选择C盘下的"案例与素材\模块十三\源文件"。

Step 03 在"文件名"文本框中输入所要保存文件的文件名。这里输入"宝马汽车3系列推广方案"。

Step 04 设置完毕后，单击"保存"按钮，即可将文件保存到所选的目录下。

图11-33　"另存为"对话框

提示

如对于保存过的演示文稿，进行修改后，若要保存可直接单击"快速访问栏"上的"保存"按钮，或者按"Ctrl+S"组合键，此时不会打开"另存为"对话框，演示文稿会以用户第一次保存的位置进行保存，并且将覆盖掉原来演示文稿的内容。

动手做2　关闭演示文稿

当用户同时打开了多个演示文稿时，应注意将不使用的演示文稿及时关闭，这样可以加快系统的运行速度。

在PowerPoint 2010中用户可以通过以下两种方法关闭演示文稿。
- 在"文件"选项卡下选择"退出"命令。
- 单击演示文稿窗口上的"关闭"按钮。

项目拓展——制作公司年终总结

公司一般在年终都要对这一年的工作进行系统地回顾，找出成绩、教训、缺点和存在的问题，然后针对这些问题，扬长避短，制订来年的工作计划和工作策略。目前大部分公司都将工作总结制作成图文并茂的演示文稿，图11-34所示的就是公司年终总结的最终效果。

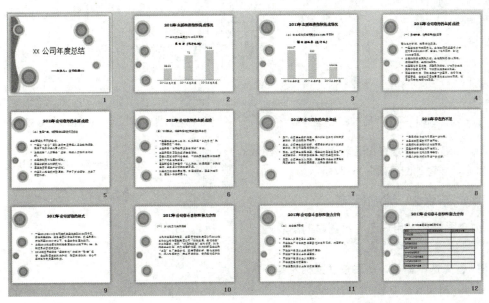

图11-34　公司年度总结

设计思路

在制作公司年度总结幻灯片的过程中，主要应用到在幻灯片中插入图表，制作公司年度总结幻灯片的基本步骤可分解为：

Step 01　插入图表；
Step 02　编辑图表。

动手做1　插入图表

图表往往比文字更具说服力，所以一份好的演示文稿应该尽可能用直观的图表去说明问题，而避免使用大量的文字说明。本例中为了说公司的业绩，在这里利用图表来说明问题，为公司年终总结第2张幻灯片添加图表的具体操作步骤如下。

Step 01　打开"案例与素材\模块十一\素材"文件夹中的"公司工作总结（初始文件）"文件，切换第2张幻灯片为当前幻灯片。

Step 02　单击"插入"选项卡下"插图"选项组中的"图表"按钮，打开"插入图表"对话框，如图11-35所示。

Step 03　在"柱形图"列表中选择"簇状柱形图"，单击"确定"按钮，则会插入一个图表，并且会打开一个数据表，如图11-36所示。

Step 04　在数据表中输入表格的实际内容，在修改表格内容的同时，图表也发生相应的变化，如

图11-36所示。

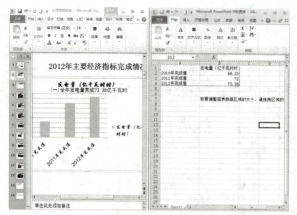

图11-35 "插入图表"对话框

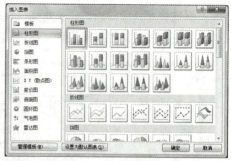

图11-36 输入创建图表的数据

Step 05 在幻灯片任意空白区域单击，退出图表编辑状态，创建的图表如图11-37所示。

动手做2 编辑图表

创建图表后，用户还应对创建的图表进行编辑，具体操作步骤如下。

Step 01 首先选中图表，然后按住鼠标左键不放拖动鼠标，将图表移动到合适的位置。

Step 02 切换到"设计"选项卡，单击"图表布局"选项组中的"布局 2"选项，则图表变为如图11-38所示。

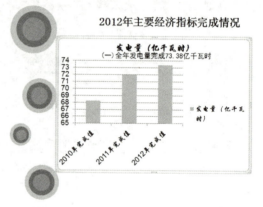

图11-37 创建图表

Step 03 切换到"布局"选项卡，单击"标签"选项组中的"图例"按钮，在下拉列表中选择"无"选项，则图表变为如图11-39所示。

图11-38 改变图表布局

图11-39 取消图例的效果

知识拓展

通过前面的任务主要学习了创建演示文稿、在幻灯片中编辑文本、在幻灯片中绘制图形、在幻灯片中插入图片、插入表格、插入图表以及保存演示等操作，另外还有一些

PowerPoint 2010的基本操作在前面的任务中没有运用到，下面就介绍一下。

动手做1　根据模板新建演示文稿

对于初学者用户可以通过"模板"创建一个具有统一外观和一些内容的演示文稿，再对它进行简单的加工即可得到一个演示文稿。根据模板创建演示文稿的具体步骤如下。

Step 01　单击"文件"选项卡，在下拉菜单中选择"新建"命令，打开"新建"窗口。在"可用的模板和主题"区域中单击"样本模板"选项，则打开样本模板列表，如图11-40所示。

Step 02　在列表中选中一个模板，然后单击"创建"按钮，则创建一个模板演示文稿。

Step 03　在"Office.com"列表中单击某一个分类，如单击"奖状、证书"，则进入"奖状、证书"分类，然后再单击"学院"，则进入"学院"分类，如图11-41所示。

Step 04　在列表中选中一个模板，如选择"幼儿园毕业证书"，然后单击"下载"按钮，则开始下载模板，下载完毕自动创建一个模板演示文稿，如图11-42所示。

图11-40　"样本模板"列表

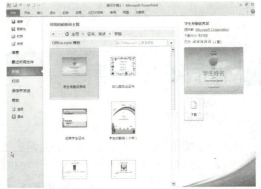
图11-41　"奖状、证书"模板中的"学院"分类模板

图11-42　"幼儿园毕业证书"模板

动手做2　应用SmartArt图形

使用插图有助于我们去记忆或理解相关的内容，但对于非专业人员来说，在PowerPoint内创建具有设计师水准的插图是很困难的。PowerPoint 2010提供的SmartArt功能使我们只需轻点几下鼠标即可创建具有设计师水准的插图。

在幻灯片中插入SmartArt图形的具体操作步骤如下。

Step 01　切换要创建SmartArt图形的幻灯片为当前幻灯片。

Step 02　单击"插入"选项卡下"插图"选项组中的"SmartArt"按钮，打开"选择 SmartArt 图形"对话框,如图11-43所示。

Step 03 在对话框中选择需要的图形,单击"确定"按钮,即可在幻灯片上生成SmartArt图形。

Step 04 插入SmartArt图形后,用户还可以根据需要对SmartArt图形进行编辑。

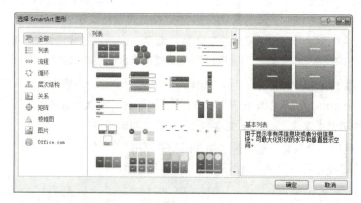

图11-43 "选择 SmartArt 图形"对话框

课后练习与指导

一、选择题

1. 关于编辑幻灯片中的文本,下列说法正确的是(　　)。
   A. 在每一张新建的空白幻灯片中都有文本占位符,如果文本占位符不能满足输入文本的要求,用户还可以利用文本框在幻灯片中输入文本
   B. 用户可以为文本占位符中的文本设置段落间距和行距
   C. 文本占位符中的文本用户也可以设置为竖排形式
   D. 用户只能为文本占位符中的文本设置"左对齐"、"居中对齐"和"右对齐"

2. 下列关于幻灯片页面设置说法正确的是(　　)。
   A. 用户可以直接在幻灯片中插入艺术字,也可以利用占位符插入艺术字
   B. 用户可以直接在幻灯片中插入图片,也可以利用占位符插入图片
   C. 用户可以直接在幻灯片中插入表格,也可以利用占位符插入表格
   D. 用户可以直接在幻灯片中插入图表,也可以利用占位符插入图表

3. 下列说法正确的是(　　)。
   A. 在添加幻灯片时用户可以选择新幻灯片的版式
   B. 用户可以利用鼠标拖动调整幻灯片的位置
   C. 在插入图表时用户必须首先在工作表中输入数据
   D. 在创建图表后,用户无法更改图表的类型

4. 关于演示文稿的视图方式下列说法错误的是(　　)。
   A. 在大纲视图中用户在大纲区域输入大纲文本后按"Enter"键则创建一张新的幻灯片
   B. 在幻灯片浏览视图中用户可以移动幻灯片的位置,但不能插入、删除幻灯片
   C. 在备注页视图中用户可以整页格式查看和使用备注
   D. 对幻灯片的编辑主要在普通视图下进行

二、填空题

1. 默认情况下新演示文稿的第一张幻灯片为标题幻灯片，在该幻灯片中有_____和_____两个文本占位符。

2. PowerPoint 2010提供了多种基本的视图方式，如_____、_____、_____、_____。

3. 在普通视图中，按_____键可切换到当前幻灯片的上一张；按_____键可切换到当前幻灯片的下一张；按_____键可切换到第一张幻灯片；按_____键切换到最后一张幻灯片。

4. 单击_____选项卡下"演示文稿视图"组中的_____按钮可切换到幻灯片浏览视图。

5. 启动PowerPoint 2010时打开的是演示文稿的"普通"视图方式，在该视图中演示文稿窗口包含大纲区、_____和幻灯片区。

6. 在幻灯片中添加文本有两种方法，用户可以直接在幻灯片的_____中输入文本，也可以_____输入文本。

7. 使用PowerPoint 2010时，在大纲视图方式下，输入标题后，若要输入文本则应按_____键，再输文本。

8. 默认情况下，在占位符中输入的文本会根据情况自动设置对齐方式，如在标题和副标题占位符中输入的文本会自动_____对齐。在插入的文本框中输入的文本默认的是_____对齐方式。

三、简答题

1. 如何删除幻灯片中的占位符？
2. 如何为幻灯片中的文本设置项目符号？
3. 在幻灯片中插入文本有哪些方法？
4. 如何在幻灯片中绘制自选图形？
5. 如何在幻灯片中插入表格？
6. 在幻灯片中插入图片有哪些方法？

四、实践题

制作一个如图11-44所示的白领消费调查幻灯片。

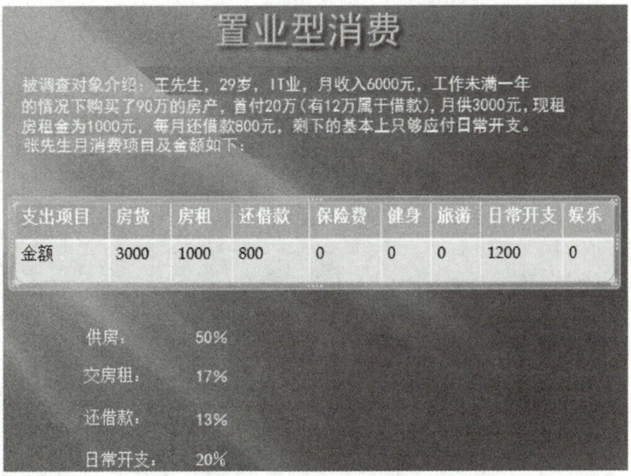

图11-44　置业型消费

1. 在第2张幻灯片"置业型消费"中利用文本框输入文本并应用表格,效果如图11-44所示。
2. 在第3张幻灯片"月光型消费"中利用文本框输入文本并应用表格,效果如图11-45所示。
3. 在第4张幻灯片"调查结果"中应用图表,效果如图11-46所示。

素材位置:案例与素材\模块十一\素材\白领消费调查(初始)。

效果位置:案例与素材\模块十一\源文件\白领消费调查。

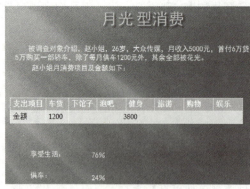

图11-45　月光型消费

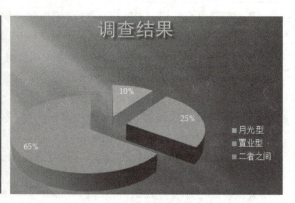

图11-46　调查结果

Word 2010、Excel 2010、PowerPoint 2010案例教程

模块 12 幻灯片的设计——制作商务礼仪培训讲座

你知道吗？

利用PowerPoint 2010提供的幻灯片设计功能，用户可以设计出声情并茂并能把自己的观点发挥得淋漓尽致的幻灯片。例如，可以为对象设置动画效果让对象在放映时具有动态效果，可以创建交互式演示文稿实现放映时的快速切换。

应用场景

有些幻灯片在放映时带有动画效果，如教学教案演示文稿等，如图12-1所示，这些都可以利用PowerPoint 2010软件来制作。

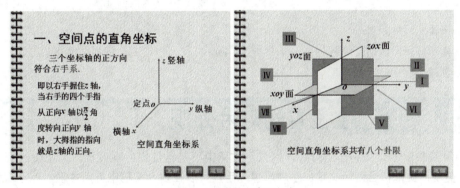

图12-1　教学教案演示文稿

为提高员工的职业素质和公关礼仪水平，使员工在商场中掌握与人沟通的技巧，提高办事效率，塑造公司良好的组织形象，公司决定举办商务礼仪培训。

如图12-2所示就是利用PowerPoint 2010制作的商务礼仪培训演示文稿。请读者根据本模块所介绍的知识和技能，完成这一工作任务。

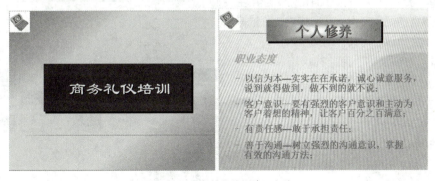

图12-2　商务礼仪培训演示文稿

相关文件模板

利用PowerPoint 2010还可以完成财务报告、工程项目进度报告、高等数学教学演示、公司简介、黄山风景、营销案例分析、职位竞聘演示报告等工作任务。为方便读者，本书在配套的资料包中提供了部分常用的文件模板，具体文件路径如图12-3所示。

图12-3　应用文件模板

背景知识

商务礼仪是在商务活动中体现相互尊重的行为准则。在商务活动中，为了体现相互尊重，需要通过一些行为准则去约束人们在商务活动中的方方面面，其中包括仪表礼仪、言谈举止、书信来往、电话沟通等，从商务活动的场合又可以分为办公礼仪、宴会礼仪、迎宾礼仪等。

设计思路

在制作商务礼仪培训幻灯片的过程中，首先应对幻灯片的外观进行设置，然后设置幻灯片的切换效果以及动画效果，最后再创建交互式演示文稿，制作商务礼仪培训幻灯片的基本步骤可分解为：

Step 01　设置幻灯片外观；
Step 02　为幻灯片添加动画效果；
Step 03　创建交互式演示文稿。

项目任务12-1　设置幻灯片外观

利用空白演示文稿制作幻灯片，则演示文稿中不包含任何外观设置，为了使幻灯片的整体效果美观，更加符合演示文稿的主题思想，用户可以在演示文稿中应用主题，也可以为幻灯片设置背景。

动手做1　应用主题

幻灯片主题就是一组统一的设计元素，幻灯片主题决定了幻灯片的主要外观，包括背景、预制的配色方案、背景图形等。在应用主题时，系统会自动将当前幻灯片或所有幻灯片应用主题文件中包含的配色方案、文字样式、背景等外观，但不会更改应用文件的文字内容。

例如，对创建的"商务礼仪培训讲座"演示文稿应用主题，具体步骤如下。

Step 01　单击"商务礼仪培训讲座"演示文稿中的任意一张幻灯片。

Step 02　在"设计"选项卡下"主题"组中单击"主题"列表右侧的下三角箭头，打开一个主题列表，如图12-4所示。

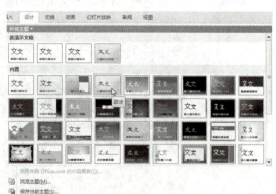

图12-4　"主题"列表

Step 03 在列表中"内置"区域选择合适主题，默认情况下，将应用于所有的幻灯片。这里选择"跋涉"，设置主题后的效果如图12-5所示。

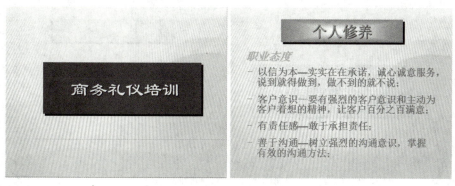

图12-5 应用主题后的效果

 教你一招

若用户想将主题应用于指定的幻灯片，则可先选中幻灯片，然后在主题上单击鼠标右键，打开一个快捷菜单，选择"应用于选定幻灯片"命令即可。

动手做2 应用主题颜色

主题颜色可以很得当地处理浅色背景和深色背景。主题中内置有可见性规则，因此用户可以随时切换颜色并且用户的所有内容将仍然清晰可见且外观良好。

例如，对创建的"商务礼仪培训讲座"演示文稿应用主题，具体步骤如下。

Step 01 单击"商务礼仪培训讲座"演示文稿中的任意一张幻灯片。

Step 02 在"设计"选项卡下"主题"组中单击"颜色"按钮，打开一个颜色列表，如图12-6所示。

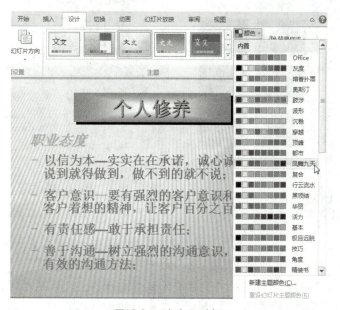

图12-6 "颜色"列表

Step 03 在列表中"内置"区域选择合适颜色，默认情况下，将应用于所有的幻灯片。这里选择"凤舞九天"，设置主题后的效果如图12-7所示。

图12-7 应用颜色后的效果

动手做3 设置幻灯片背景

用户可以为幻灯片添加背景，PowerPoint 2010提供了多种幻灯片背景的填充方式包括单色填充、渐变色填充、纹理、图片等。在一张幻灯片或者母版上只能使用一种背景类型。

例如，"商务礼仪培训讲座"演示文稿中为突出标题幻灯片，可以设置幻灯片背景，具体操作步骤如下。

Step 01 切换第1张幻灯片为当前幻灯片。

Step 02 单击"设计"选项卡下"背景"组中的"背景样式"按钮，打开一个下拉菜单，如图12-8所示。

Step 03 在下拉菜单中选择"设置背景格式"命令，打开"设置背景格式"对话框，如图12-9所示。

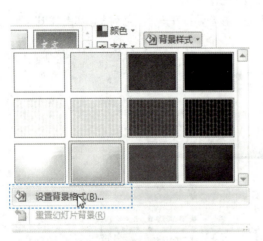

图12-8 设置背景格式

图12-9 "设置背景格式"对话框

Step 04 在对话框的左侧选择"填充"，在"填充"区域选中"渐变填充"按钮，单击"预设颜色"后的下拉按钮，在列表中选择"薄雾浓云"。

Step 05 单击"方向"后的下拉按钮，在列表中选择"左上到右下"，在"渐变光圈"上拖动各个渐变颜色适当调整渐变颜色的位置。

Step 06 单击"关闭"按钮,关闭"设置背景格式"对话框。设置标题幻灯片背景后的效果如图12-10所示。

动手做4 应用母版

母版可以控制演示文稿的外观,包括在幻灯片上所输入的标题和文本的格式与类型、颜色、放置位置、图形、背景等,在母版上进行的设置将应用到基于它的所有幻灯片。但是改动母版的文本内容不会影响基于该母版的幻灯片的相应文本内容,仅仅是影响其外观和格式而已。

母版分为三种:幻灯片母版、讲义母版、备注母版。

在演示文稿中用户不但可以在幻灯片中直接插入图片,还可以利用幻灯片母版插入图片,利用幻灯片母版插入图片的具体步骤如下。

Step 01 在"视图"选项卡下的"母板视图"组中单击"幻灯片母版视图",进入幻灯片母版视图,如图12-11所示。

图12-10 设置背景后的效果

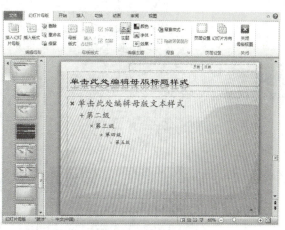

图12-11 幻灯片母板视图

Step 02 在母版列表中选中"标题幻灯片版式",单击"插入"选项卡下"图像"组中的"图片"按钮,打开"插入图片"对话框,如图12-12所示。

Step 03 在对话框中找到素材图片的位置,选中"图标"图片,单击"插入"按钮,将图片插入到"标题幻灯片版式"母版中。

Step 04 利用鼠标拖动图片适当调整它们的位置,效果如图12-13所示。

图12-12 "插入图片"对话框

图12-13 在"标题幻灯片版式"母版中插入图片

Step 05 在母版列表中选中"幻灯片母版",单击"插入"选项卡下"图像"组中的"图片"按钮,打开"插入图片"对话框。

Step 06 在对话框中找到素材图片的位置,选中"标题",单击"插入"按钮,将图片插入到"幻灯片母版"中。

Step 07 利用鼠标拖动图片适当调整位置,效果如图12-14所示。

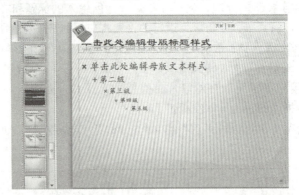

图12-14 在幻灯片母版中插入图片的效果

Step 08 单击"幻灯片母版"选项卡中的"关闭母版视图"按钮,则在幻灯片中插入图片的效果如图12-15所示。

图12-15 在幻灯片中插入图片的效果

项目任务12-2 设置幻灯片的切换效果

幻灯片切换效果是加在连续的幻灯片之间的特殊效果。在幻灯片放映的过程中,一张幻灯片切换到另一张幻灯片时,可用不同的技巧将下一张幻灯片显示到屏幕上。

为幻灯片添加切换效果最好在幻灯片浏览视图中进行,因为在浏览视图中用户可以看到演示文稿中所有的幻灯片,并且可以非常方便地选择要添加切换效果的幻灯片。

动手做1 设置单张幻灯片切换效果

为幻灯片设置切换效果时,用户可以为演示文稿中的每一张幻灯片设置不同的切换效果,或者为所有的幻灯片设置同样的切换效果。

例如,为"商务礼仪培训"演示文稿中的第1张幻灯片设置"溶解"的切换效果,具体步骤如下:

Step 01 单击"视图"选项卡下"演示文稿视图"组中的"幻灯片浏览"按钮,切换到幻灯片浏览视图。

Step 02 单击选中第1张幻灯片。

Step 03 在"切换"选项卡下"切换到此幻灯片"组中单击"切换效果"右侧的下三角箭头，在下拉列表中选择合适的切换效果，这里选择"华丽型"区域的"溶解"，如图12-16所示。

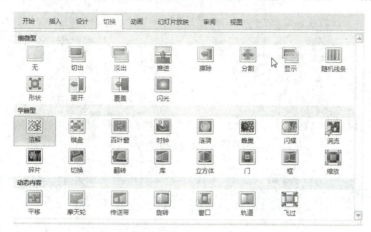

图12-16 设置第1张幻灯片切换方式

Step 04 在"切换"选项卡下"计时"组中"声音"下拉列表中选择"风铃"选项。

Step 05 在"切换"选项卡下"计时"组中"持续时间"文本框中选择"00.50"。

动手做2 设置多张幻灯片切换效果

为幻灯片设置切换效果时，用户还可以为演示文稿中的多张幻灯片设置相同的切换效果。例如，用户要为演示文稿"商务礼仪培训"中的偶数幻灯片设置"棋盘"的切换效果，奇数幻灯片设置"顺时针回旋，4根轮辐"的切换效果，具体步骤如下。

Step 01 单击"视图"选项卡下"演示文稿视图"组中的"幻灯片浏览"按钮，切换到幻灯片浏览视图中。

Step 02 先按下"Ctrl"键然后单击偶数页幻灯片将其选中。

Step 03 在"切换"选项卡下"切换到此幻灯片"组中的"切换效果"列表中选择"棋盘式"。

Step 04 在"切换"选项卡下"计时"组中"声音"下拉列表中选择"风声"选项。

Step 05 在"切换"选项卡下"计时"组中"持续时间"文本框中选择"0.50"。

Step 06 先按下"Ctrl"键然后单击奇数页幻灯片将其选中。

Step 07 在"切换"选项卡下"切换到此幻灯片"组中的"切换效果"列表中选择"分割"，单击"切换到此幻灯片"组中的"效果选项"，在列表中选择"中央向上下展开"，如图12-17所示。

Step 08 在"切换"选项卡下"计时"组中"声音"下拉列表中选择"鼓声"选项，在"切换"选项卡下"计时"组中"持续时间"文本框中选择"0.50"。

教你一招

如果用户要为演示文稿中的全部幻灯片设置切换效果，可以在选中一种效果后，单击"计时"组中的"全部应用"按钮。

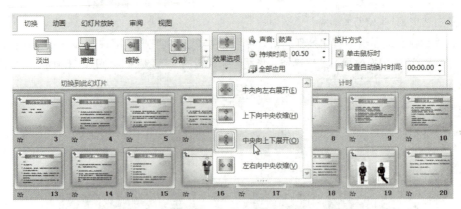

图12-17 设置切换效果选项

项目任务12-3 设置动画效果

动画的功能是给文本或对象添加特殊视觉或声音效果,可以让文字以打字机形式播放,让图片产生飞入效果等。用户可以自定义幻灯片中的元素和对象的动画效果,也可以利用系统提供的动画方案设置幻灯片的动画效果。

动手做1 自定义动画效果

用户可以使用PowerPoint 2010提供的自定义动画功能为幻灯片中的所有项目和对象添加动画效果。

幻灯片中的对象添加自定义动画效果的步骤如下。

Step 01 切换第5张幻灯片为当前幻灯片,选中"个人修养"图形。

Step 02 单击"动画"选项卡下"动画"组中的"动画效果"列表右侧的下三角箭头,打开"动画效果"列表,在列表中选择"陀螺旋"选项,如图12-18所示。

Step 03 在"动画"组中单击"效果选项"按钮,在列表中选择"逆时针"选项,在"计时"组中"持续时间"文本框中选择"01.00",如图12-19所示。

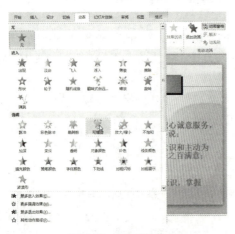

图12-18 设置动画效果

图12-19 设置效果选项

Step 04 选中"职业态度"内容文本或将鼠标定位在文本中的任意位置。

Step 05 单击"动画"选项卡下"动画"组中的"动画效果"列表右侧的下三角箭头,打开"动画效果"列表,在列表中选择"进入更多效果"选项,打开"更改进入效果"对话框,如图12-20所示。

Step 06 在"华丽型"区域选中"螺旋飞入"选项,单击"确定"按钮返回幻灯片。

Step 07 在"计时"组中"持续时间"文本框中选择"00.50"。

Step 08 在"高级动画"组中单击"动画刷"选项,然后在下面的文本上单击鼠标左键,则上面文本的动画效果被复制到下面的文本上。

图12-20 "更改进入效果"对话框

设置动画效果后,在设置动画效果的对象前面会显示出动画编号,单击"高级动画"组中的"动画窗格"选项,则打开动画窗格,在动画窗格中显示出设置的动画效果,如图12-21所示。

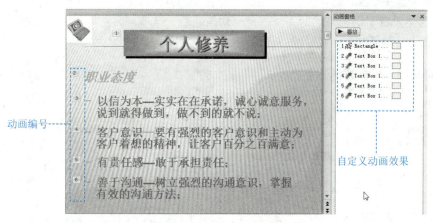

图12-21 设置自定义动画效果

动手做2 设置动画效果选项

为了使动画效果更加突出,可以通过该动画效果的对话框更加详细的设置动画效果选项。例如,对"职业态度"文本的动画效果增加声音效果,具体步骤如下。

Step 01 在动画效果列表中选中第二个动画效果,在该效果的右端将会出现一个下三角箭头,单击该箭头会出现一个下拉列表,如图12-22所示。

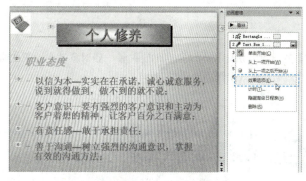

图12-22 设置自定义动画的效果选项

Step 02 在下拉列表中选择"效果选项"命令,打开"螺旋飞入"对话框。效果如图12-23所示。

Step 03 在"增强"区域的"声音"下拉列表中用户可以选择动画效果的伴随声音,这里设置为"风声"。

Step 04 在"动画播放后"下拉列表中用户可以选择动画播放后要执行的操作,这里选择"不变暗"。

Step 05 在"动画文本"下拉列表中有以下三种选择。

- 整批发送:文本框中的文本以段落作为一个整体。
- 按字词:如果文本框中的是英文则按单个的词延伸,如果是中文则按字或词延伸。
- 按字母:如果文本框中的是英文则按字母延伸,如果是中文则按字延伸。

这里设置"动画文本"的效果为"按字母",并设置"20字母之间延迟百分比"。

Step 06 单击"计时"选项卡,如图12-24所示。在"开始"下拉列表中可以选动画开始的方式。

- 选择"单击时"选项,则在单击鼠标时开始播放动画效果。
- 选择"与上一动画同时"选项,则与上一动画同时播放。
- 选择"上一动画之后"选项,则在上一个效果播放后播放。

由于这里设置了动画开始时间为"上一动画之后"选项,因此用户还可以在"延迟"文本框中设置上一动画结束多长时间后开始该动画,这里设置为"0.5秒"。

图12-23 "螺旋飞入"对话框

图12-24 设置动画计时

Step 07 在"期间"下拉列表中用户可以对动画的速度进行具体的设置,这里更改设置为"中速(2秒)"。

Step 08 单击"确定"按钮,用户可以发现在"陀螺旋"对话框中修改的"期间"显示在"计时"组的"持续时间"文本框中。

提示

不同的动画效果有不同的设置方法,文本对象动画效果和一般对象动画效果的最大区别在于文本对象可以设置动画文本而对象动画效果则不能。

项目任务12-4 创建交互式演示文稿

交互式演示文稿可以通过事先设置好的动作按钮或超级链接在放映时跳转到指定的幻灯片。

动手做1　设置超链接

可以利用超级链接将某一段文本或图片链接到另一张幻灯片。例如，将演示文稿"商务礼仪培训讲座"幻灯片中第2张幻灯片中"礼仪的概念"文本与第4张幻灯片"礼仪的概念"进行链接，具体操作步骤如下。

Step 01　切换第2张幻灯片为当前幻灯片。

Step 02　在幻灯片中选中"礼仪的概念"文本。

Step 03　在"插入"选项卡下"链接"选项组中单击"超链接"按钮，打开"插入超链接"对话框，如图12-25所示。

Step 04　在"链接到"列表中选择"本文档中的位置"选项，在"请选中文档中的位置"下，单击要用作超链接目标："幻灯片4"。

Step 05　单击"确定"按钮。

Step 06　用同样的方法，为第2张幻灯片中的其他文本添加超链接。在添加超链接后，添加链接的文本下被添加了下划线，如图12-26所示。

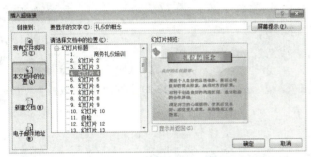

图12-25　"插入超链接"对话框

图12-26　为文本添加链接的效果

> **提示**
>
> 设置好超级链接后，在放映幻灯片时将鼠标指针移动到超级链接上，鼠标将变为"手"形状，单击该处即可跳转到相应的幻灯片中。

动手做2　动作按钮的应用

用户可以将某个动作按钮加到演示文稿中，然后定义如何在放映幻灯片时使用该按钮。

例如，为演示文稿"商务礼仪培训讲座"中的第3张幻灯片中添加2个动作按钮，分别为：前一项按钮和下一项按钮，具体操作步骤如下。

Step 01　选择第3张幻灯片为当前幻灯片。

Step 02　在"插入"选项卡下的"插图"选项组中单击"形状"按钮，打开一个下拉列表，如图12-27所示。

Step 03　在"动作按钮"区域单击要添加的按钮"上一张按钮"。

Step 04　在幻灯片上通过拖动鼠标为该按钮绘制形状，绘制结束后会自动打开"动作设置"对话框，如图12-28所示。

Step 05　在"动作设置"对话框中，选择"单击鼠标"选项卡，选中"超链接到"选项，然后将超链接的目标设置为"上一张幻灯片",单击"确定"按钮。

Step06 用同样的方法,添加下一项按钮,效果如图12-29所示。

图12-28 "动作设置"对话框

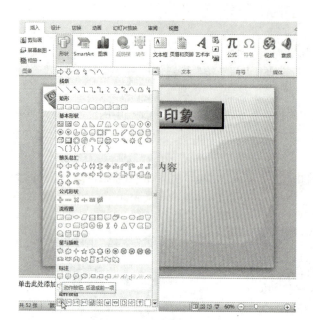

图12-27 形状下拉列表

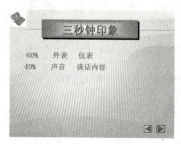

图12-29 设置动作按钮效果

项目拓展——放映职位竞聘幻灯片

如今职场竞争愈演愈烈,对于一个好的职位,一大群竞争者实力不相上下,如何才能使自己在这场竞争中胜出,除了自身的实力外,竞聘演讲稿的作用也不容忽视。利用PowerPoint 2010制作一个如图12-30所示的职位竞聘演示报告,这样可以帮助用户展示自身实力。

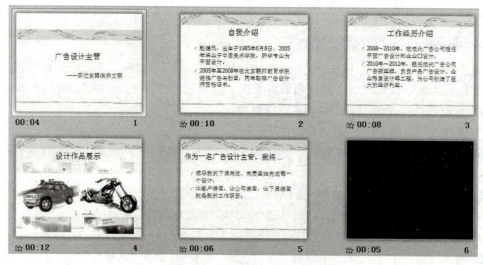

图12-30 职位竞聘演示报告效果

设计思路

在制作职位竞聘幻灯片的过程中，主要应用到幻灯片放映的操作，制作职位竞聘幻灯片的基本步骤可分解为：

Step 01 手动设置换片方式；
Step 02 排练计时；
Step 03 设置放映方式；
Step 04 启动幻灯片放映；
Step 05 控制演讲者放映。

动手做1　手动设置换片方式

默认情况下，幻灯片的换片方式是单击鼠标切换到下一张幻灯片。用户可以人工设置幻灯片放映的时间间隔。在"切换"选项卡下"计时"组中的"换片方式"区域中可以设置换片方式。

- 如果选中"单击鼠标时"复选框，这样单击鼠标就可以进入下一张幻灯片。
- 如果选中了"设置自动换片时间"复选框并设置了间隔时间，而没有选中"单击鼠标时"复选框，系统会在到了设置的间隔时间后自动进入下一张幻灯片，此时单击鼠标不起作用。
- 如果既选中了"单击鼠标时"复选框也选中了"设置自动换片时间"复选框并设置了间隔时间，单击鼠标或到了设置的间隔时间后都会进入下一张幻灯片。

例如，在职位竞聘幻灯片中设置幻灯片自动换片效果，除第1张幻灯片设置间隔时间为5秒，其余都为10秒，具体步骤如下。

Step 01 单击"视图"选项卡下"演示文稿视图"组中的"幻灯片浏览"按钮，进入幻灯片浏览视图。
Step 02 选中第1张幻灯片，在"切换"选项卡下"计时"组中选中"换片方式"区域的"设置自动换片时间"复选框，并利用其后的增减按钮，设置间隔时间为5秒，取消选中"单击鼠标时"复选框。
Step 03 选中第2张幻灯片同时按下"Shift"键，然后单击最后一张幻灯片。
Step 04 在"切换"选项卡下"计时"组中选中"换片方式"区域的"设置自动换片时间"复选框，并利用其后的增减按钮，设置间隔时间为10秒，取消选中"单击鼠标时"复选框。

设置换片方式后的效果如图12-31所示。

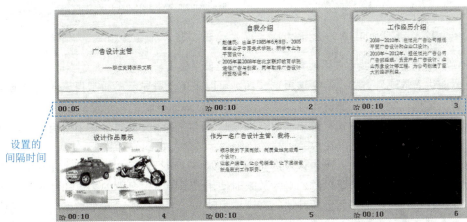

图12-31　设置换片方式

动手做2　排练计时

如果用户对自行决定幻灯片放映时间没有把握，那么可以在排练幻灯片放映的过程中设置放映时间。利用排练计时功能，可以对演示文稿进行相应的演示操作，同时记录幻灯片之间切换的时间间隔。

可以看出上面设置的放映时间间隔只是估算设置的，这里我们可以利用排练计时功能重新设置幻灯片切换之间的时间间隔，具体步骤如下。

Step 01　单击"幻灯片放映"选项卡下"设置"组中的"排练计时"按钮，系统以全屏幕方式播放，并出现"录制"工具栏，如图12-32所示。

图12-32　"录制"工具栏

Step 02　在"录制"工具栏中，"幻灯片放映时间 0:00:05"文本框中显示当前幻灯片的放映时间，在"总放映时间 0:00:06"文本框显示当前整个演示文稿的放映时间。

Step 03　此时如果对当前幻灯片的播放时间不满意，可以单击"重复"按钮 ，重新计时。

Step 04　如果要播放下一张幻灯片，单击"录制"工具栏中的"下一项"按钮 ，这时可以播放下一动画效果，如果进入到下一张幻灯片，则在"幻灯片放映时间"文本框中重新计时。

Step 05　如果要暂停计时，单击"预演"工具栏中的"暂停"按钮 。

Step 06　按照相同的方法，直到放映到最后一张幻灯片，系统会显示总共放映的时间，并询问是否要使用新定义的时间，如图12-33所示。

Step 07　单击"是"按钮接受该项时间，单击"否"按钮则重试一次。

动手做3　设置放映方式

在"幻灯片放映"选项卡的"设置"组中单击"设置幻灯片放映"按钮，打开"设置放映方式"对话框，如图12-34所示。

图12-33　是否使用新定义的时间对话框

图12-34　"设置放映方式"对话框

在"放映类型"区域用户可以对放映方式进行如下设置。

- "演讲者放映"方式：选中该单选按钮则可以采用全屏显示，通常用于演讲者亲自播放演示文稿。此种方式演讲者可以控制演示节奏，具有放映的完全控制权。
- "观众自行浏览"方式：选中该单选按钮则可以将演示文稿显示在小型窗口内，并提供相应的操作命令，可以在放映时移动、编辑、复制和打印幻灯片。
- "在展台浏览"方式：选中该单选按钮则可以自动运行演示文稿，可以在展览会场或会议中等需要运行无人管理的幻灯片放映时使用，运行时大多数的菜单和命令都不可用，并且在每次放映完毕后重新开始。在这种放映方式中鼠标变得几乎毫无用处，无论是单击左键还是单击右键，或者两键同时按下。在该放映方式中如果设置的是手动换片方式放映，那么将无法执行换片的操作，如果设置了"排练计时"，它会严格地按照"排练计时"时设置的时间放映。按"Esc"键可退出放映。

动手做4　启动幻灯片放映

"演讲者放映"方式是系统默认的放映方式，启动幻灯片放映有多种方法，可以单击"幻灯片放映"选项卡下的"开始放映幻灯片"组中的按钮进行启动。

- 单击"从头开始"按钮或按"F5"键，幻灯片从第一张开始放映。
- 单击"从当前幻灯片开始"按钮，幻灯片从当前幻灯片开始放映。
- 用户也可以自定义放映，此时只需单击"自定义幻灯片放映"按钮，在下拉列表中选择"自定义放映"选项，打开"自定义放映"对话框，如图12-35所示。若无自定义放映，单击"新建"按钮，打开"定义自定义放映"对话框，进行定义自定义放映方式。若已设置自定义放映，在"自定义放映"列表中选中要放映的自定义放映选项，单击"放映"按钮即可。

动手做5　在演讲者放映中定位幻灯片

使用定位功能可以在放映时快速地切换到想要显示的幻灯片上，在幻灯片放映时单击鼠标右键，弹出一个下拉菜单，如图12-36所示。在菜单中如果选择"下一张"或"上一张"将会放映下一张或上一张幻灯片。选择"定位至幻灯片"命令，弹出一个子菜单，在子菜单中选择需要定位的幻灯片，系统将会播放此幻灯片。

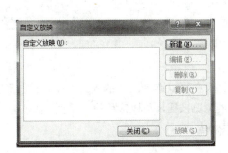

图12-35　"自定义放映"对话框

图12-36　"定位至幻灯片"下拉菜单

动手做6　在演讲者放映中使用画笔

在放映时，有时需要在幻灯片中重要的地方画一画，以突出某些幻灯片上的某些部分，此时使用"画笔"功能。在放映的幻灯片上单击鼠标右键，在弹出的下拉菜单中选择"指针选项"，在打开的子菜单中选择合适的画笔。这里选择"荧光笔"。此时鼠标变为荧光笔形状，拖动鼠标可对重要内容进行圈点，这种画写不会影响演示文稿的内容，如图12-37所示。

由于幻灯片的背景颜色不同，可以根据不同的需要选择不同的画笔颜色，在"指针

图12-37　使用画笔

选项"菜单的"墨迹颜色"子菜单中可以选择画笔的颜色。如果要清除画笔颜色可以在"指针选项"子菜单中选择"橡皮擦"按钮,擦除需要清除的墨迹或"擦除幻灯片上的所有墨迹"按钮,此时幻灯片上的所有墨迹都被擦除干净。

当幻灯片放映结束时打开"是否保留墨迹注释"提示框,单击"保留"按钮可以将绘图笔的墨迹保留,若单击"放弃"按钮将对此不作保留。

知识拓展

通过前面的任务主要学习了在幻灯片中应用艺术字、在幻灯片中应用图片、设置幻灯片的切换效果、设置幻灯片的动画效果、在幻灯片中设置链接、放映演示文稿等操作,另外还有一些PowerPoint 2010的设计操作在前面的任务中没有运用到,下面就介绍一下。

动手做1 相册功能

如果用户希望向演示文稿中添加一大组图片,而且这些图片又不需要自定义,此时可使用PowerPoint 2010中的相册功能创建一个相册演示文稿。PowerPoint 2010可从硬盘、扫描仪、数码相机或Web照相机等位置添加多张图片。

创建相册的具体步骤如下。

Step 01 单击"插入"选项卡下"图像"组中的"相册"按钮,在下拉列表中选择"新建相册"选项,打开"相册"对话框,如图12-38所示。

Step 02 在"相册"对话框中单击"文件/磁盘"按钮,打开"插入新图片"对话框,在对话框中选定要插入的图片,单击"插入"按钮,返回到"相册"对话框,按此方法可以在相册中插入多个图片。

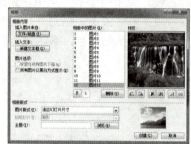

图12-38 "相册"对话框

Step 03 在"相册版式"区域的"图片版式"下拉列表中可以选择图片的版式,在"相框形状"下拉列表中则可以应用相框形状,单击"主题"后面的浏览按钮,可以应用设计模板。

Step 04 单击"创建"按钮,即可创建一个相册演示文稿。

动手做2 设置动画的顺序

在PowerPoint 2010中,为幻灯片中的各个元素设置动画时,系统会按照动画设置的前后次序,依次为各动画项编号。用户也可以在"动画窗格"的动画效果列表中自定义动画的编号。

动画效果的编号以设置"单击时开始"动画效果的开始时间为界限,如果在幻灯片中设置了多个"单击时开始"动画效果,则它们会根据用户设置的先后顺序进行编号。如果在某一动画效果后设置"上一动画之后"动画效果,它的编号将和上一编号相同,如果在某一动画效果后设置"与上一动画同时"动画效果,它的编号名称将和上一编号相同。

幻灯片中各对象的动画效果会根据编号依次进行展示,如果用户认为动画效果的先后次序不合理,也可以改变动画的顺序。将鼠标移动至"自定义动画"任务窗格的"自定义动画"列表中,当鼠标变为"↕"形状时,单击鼠标选中需要移动顺序的动画项,拖动鼠标至需要更改的位置就可以改变动画效果的先后顺序。动画效果的顺序改变后,它的效果标号也跟着改变。

动手做3 修改动画效果

用户可以对设置好的动画效果进行修改,使动画效果更加符合放映的要求。选中要修改动画效果的项目或对象,然后在"动画"选项卡下"动画"组的"动画效果"列表中重新选择动画效果。

如果要删除某一动画效果,在"动画窗格"的"动画效果"列表中选中该动画效果,单击该效果右端的下三角箭头,在下拉列表中选择"删除"选项即可。

课后练习与指导

一、选择题

1. 关于设置幻灯片的切换效果下列说法正确的是(　　)。
    A．为幻灯片添加切换效果最好在幻灯片浏览视图中进行
    B．在设置切换效果时用户可以同时为多张幻灯片设置相同的切换效果
    C．在设置切换效果时用户还可以同时设置切换声音及持续时间
    D．在幻灯片浏览视图中用户可以对设置的切换效果进行预览
2. 关于设置幻灯片的动画效果下列说法正确的是(　　)。
    A．用户可以为幻灯片中的所有项目和对象添加不同的动画效果
    B．为幻灯片设置动画效果最好在幻灯片浏览视图中进行
    C．在为幻灯片中的对象或项目设置动画效果后,用户还可以调整它们的先后顺序
    D．用户可以为自定义动画效果添加声音
3. 关于幻灯片放映下列说法错误的是(　　)。
    A．在使用演讲者放映方式时演讲者可以控制演示节奏,具有放映的完全控制权
    B．在使用观众自行浏览时系统可以自动运行演示文稿,无须人为控制
    C．在使用演讲者放映方式时用户可以随意切换到想要显示的幻灯片上
    D．在使用演讲者放映方式时使用的画笔痕迹用户可以保留
4. 关于超级链接下列说法正确的是(　　)。
    A．超链接可以链接到当前演示文稿的幻灯片中
    B．超链接还可以链接到其他的网页或文档
    C．和网页中的超链接不同在幻灯片中只有文本才可以设置超链接
    D．超链接只有在幻灯片放映视图中才可用
5. 关于应用幻灯片主题下列说法正确的是(　　)。
    A．应用幻灯片主题会更改幻灯片的文字内容
    B．用户可以使用PowerPoint 2010内置的主题样式,也可以自定义主题样式并应用到幻灯片中
    C．在一篇演示文稿中可以为不同的幻灯片应用不同主题
    D．在应用主题后用户不能再对幻灯片的外观进行设置,只能更改幻灯片的内容
6. 关于幻灯片的背景的填充下列说法正确的是(　　)。
    A．用户可以使用图片填充幻灯片背景
    B．用户可以将幻灯片的背景图形隐藏
    C．在幻灯片母版上也可以设置背景填充
    D．在一张幻灯片上只能使用一种背景类型

二、填空题

1. 幻灯片的放映方式有＿＿＿＿、＿＿＿＿和＿＿＿＿三种。

2. 在＿＿＿＿＿选项卡下＿＿＿＿＿组中的"切换效果"下拉列表中用户可以选择合适的切换效果。

3. 母版分为三种：＿＿＿＿＿、＿＿＿＿＿、＿＿＿＿＿。

4. 单击＿＿＿＿＿按钮或按＿＿＿＿＿键幻灯片从第一张开始放映。

5. 单击＿＿＿＿＿选项卡下＿＿＿＿＿组中的"相册"按钮，打开"相册"对话框。

6. 默认情况下，幻灯片的换片方式是＿＿＿＿＿切换到下一张幻灯片。

三、简答题

1. 如何为幻灯片中的对象设置动画效果？
2. 如何将幻灯片设置为在展台浏览的放映方式？
3. 幻灯片有哪几种放映方式？各有什么特点？
4. 如何设置幻灯片的切换效果？
5. 如何改变自定义动画的顺序？
6. 使用演示文稿相册功能的基本步骤是什么？

四、实践题

制作一个如图12-39所示的工作计划幻灯片。

1. 为幻灯片应用素材中的自定义主题文件"主题"。
2. 在第一张幻灯片中应用"雨后初晴"的渐变背景。
3. 利用幻灯片母板为在幻灯片的底部添加文本"公司地址：郑州市经济开发区 电话：0371-6829362"。
4. 为第二张幻灯片中的文本"电子产品、音响器材"设置链接，链接目标为第六张幻灯片。
5. 设置幻灯片的切换效果为"垂直方向的百叶窗"，声音为"风铃"，持续时间为"01.00"，换片方式为"单击鼠标时"。
6. 为幻灯片中的文本对象设置"向内溶解"的动画效果，"上一动画之后开始"，"快速（1秒）"，"整批发送"。
7. 为幻灯片添加"上一项"和"下一项"的动作按钮，分别链接到上一张和下一张幻灯片。

素材位置：案例与素材\模块十二\素材\公司简介（初始）。

效果位置：案例与素材\模块十二\源文件\公司简介。

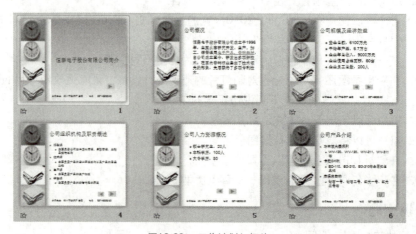

图12-39　工作计划幻灯片